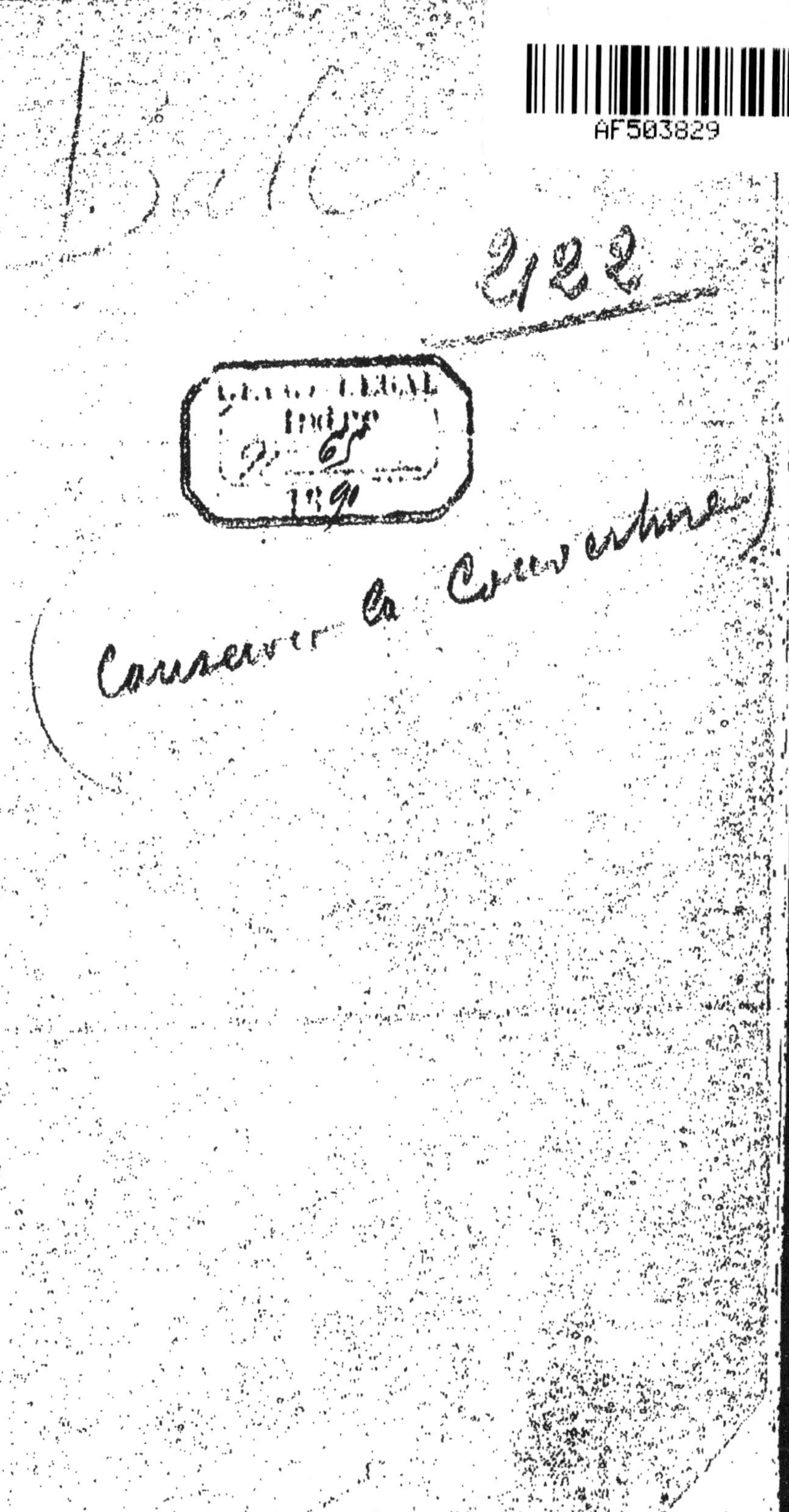

2/22

(Conserver la Couverture)

II

LES

EFFETS DE L'USAGE

ET DE

LA DÉSUÉTUDE

SONT-ILS HÉRÉDITAIRES?

EXAMEN DES OPINIONS DE SPENCER ET DARWIN

BIBLIOTHÈQUE ÉVOLUTIONISTE

II

LES
EFFETS DE L'USAGE
ET DE
LA DÉSUÉTUDE
SONT-ILS HÉRÉDITAIRES

PAR

William Platt BALL

Avec Appendice par M. H. F. OSBORN

Traduction autorisée

DE

HENRY DE VARIGNY

Docteur ès-Sciences,
Membre de la Société de Biologie

PARIS

LECROSNIER ET BABÉ, LIBRAIRES-ÉDITEURS
23, PLACE DE L'ÉCOLE-DE-MÉDECINE, 23

1891

PRÉFACE

J'adresse ici mes plus chauds remerciements à M. Francis Darwin, à M. E. B. Poulton (dont l'intérêt pour le sujet que je vais traiter s'est montré dans sa part de traduction des *Essays on Heredity* de Weismann) et au professeur Romanes, pour l'aide que m'ont donnée leurs obligeantes suggestions et critiques, et pour les conseils et la recommandation grâce auxquels cet essai voit le jour. J'attache un prix d'autant plus grand à l'encouragement de M. Francis Darwin, et lui en garde une reconnaissance d'autant plus vive, que ma conclusion générale que les caractères acquis ne sont *pas* héréditaires est en contradiction avec l'opinion de son père vénéré qui a soutenu sa grande théorie en lui conservant pour base quelques restes de la doctrine de Lamarck sur les effets héréditaires de l'habitude. Il me semble que le fils, représentant de son illustre père, met en pratique l'idée d'un intelligent éditeur qui m'écrit que « nous devons convenir que, si Darwin vivait encore, il trouverait vos arguments d'un grand poids et les prendrait certainement, ainsi qu'ils méritent, en sérieuse considération ». J'espère donc être absous de l'accusation d'une présomption malséante en venant contredire une opinion sanctionnée par l'auteur de l'*Origine des Espèces*, mais déjà fortement remise en question, et rejetée avec fermeté par des disciples tels que Weismann, Wallace, Poulton, Ray Lankester et d'autres, sans parler de son rejet absolu par une autorité aussi grande, en fait d'hérédité, que Francis Galton.

M. Herbert Spencer a déjà insisté, en termes énergiques, sur l'importance de ce sujet, au point de vue de la sociologie, et cette importance dépasse peut-être son estimation.

La civilisation met de côté, largement, l'action dure, mais salutaire en définitive, de la grande loi de la sélection naturelle, sans la remplacer efficacement pour empêcher l'abâtardissement. Ce sur quoi comptent, pour en tenir lieu, les moralistes et les législateurs — si d'aventure ils donnent une pensée à ce sujet — c'est l'hérédité accumulée des effets heureux de l'éducation, du dressage, des habitudes, des institutions, etc.. — bref, l'hérédité des caractères acquis, ou des effets de l'usage et de la désuétude. Si ce remplaçant n'est qu'un roseau brisé, alors les penseurs profonds qui, par degrés, forment l'esprit des pédagogues du peuple, et en fin de compte influencent même les législateurs et les moralistes, devront fonder leurs systèmes de moralité et leurs critiques des lois sociales et politiques, des institutions, des mœurs, et des idées, sur la base de la loi Darwinienne plutôt que sur celle de Lamarck.

Espérant fermement que la race humaine peut devenir de plus en plus consciente et maîtresse d'elle-même et de sa destinée, et reconnaissant que le principe Darwinien de la sélection du plus apte est *l'unique* moyen d'éviter la dégénérescence morale et physique qui, semblable à une carie intérieure, a été, jusqu'ici, le danger dominant de toute civilisation, je souhaite que ceux qui créent les opinions de l'humanité ne soient pas détournés de la vraie route du progrès et du bonheur permanent en comptant sur des croyances erronées qui ne supportent pas l'examen. Tel est, du moins, le sentiment, le motif, qui m'a fait consacrer beaucoup de temps et de réflexion à une enquête difficile, mais importante, dans une région douteuse de déduction et de conjectures, où (je le crains) le témoignage d'aucun côté ne peut être absolument concluant, et où, en particulier, on ne peut raisonnablement s'attendre à trouver la démonstration absolue d'une négative universelle.

La *Bibliothèque Évolutioniste* a pour but d'offrir au grand public, comme aux savants, un ensemble d'ouvrages strictement scientifiques dus aux auteurs les plus compétents, français et étrangers, et où seront exposés avec clarté les différents principes et les diverses applications de la théorie évolutioniste. Elle n'est inféodée à aucun principe en particulier d'entre ceux qui sont à la base de cette théorie : elle est évolutioniste au sens le plus large de ce terme. Nous nous adressons à tous les esprits réfléchis, à tous ceux qui comprennent la nécessité de posséder une base solide de croyances philosophiques, à tous ceux qui sentent la portée véritable de la doctrine évolutioniste au point de vue métaphysique. Par cette publication, nous espérons faire mieux connaître les faits et les doctrines qui ont captivé l'attention de tous dans les pays de Goethe et de Darwin, et qui devraient être plus répandus dans leur pays d'origine, dans la patrie des Buffon, des Lamarck, des Geoffroy St-Hilaire, des Bory de Saint-Vincent, des Duchesne, des Naudin.

BIBLIOTHÈQUE ÉVOLUTIONISTE

Tome   I. **Wallace A. R.** *Le Darwinisme*; exposé de la théorie de la sélection naturelle, avec quelques-unes de ses applications. Ouvrage traduit de l'anglais. 1 volume in-18 avec 37 figures intercalées dans le texte. 1891. cartonné.

— II. **Ball. W. P.** *Les effets de l'Usage et de la Désuétude sont-ils héréditaires*; ouvrage traduit de l'anglais. 1 volume in-18. 1891.

— III. **Geddes P.** et **A. Thomson** : *L'Évolution du Sexe* (sous presse).

— IV. **Taylor. J.** : *L'Origine des Aryens* (sous presse).

— V. **Bland-Sutton. J.** : *Évolution et Maladie* (sous presse).

— VI. **Sabatier. A.** : *Essai sur la Vie et sur la Mort* (sous presse.)

Plusieurs autres ouvrages, par des auteurs français et étrangers, sont en préparation.

Châteauroux. — Typ. et Stéréotyp. A. Majeste

LES EFFETS

DE

L'USAGE ET DE LA DÉSUÉTUDE

SONT-ILS HÉRÉDITAIRES ?

IMPORTANCE ET PORTÉE DE LA QUESTION

La question de savoir si les effets de l'usage et de la désuétude sont héréditaires, ou, en d'autres termes, si les caractères acquis sont héréditaires, est d'un intérêt considérable pour qui étudie l'évolution en général ; mais elle est, ou devrait être, l'objet d'un intérêt bien plus profond pour le philanthrope réfléchi qui désire assurer le bien-être et le bonheur permanents de la race humaine. Les conclusions morales, sociales et politiques qui dépendent de la réponse à cette question sont, en effet, d'une importance capitale, et, comme le dit avec raison M. Herbert Spencer, « elle appelle, avant toute autre question quelconque, l'attention des hommes de science ».

Il est évident que nous pouvons produire des changements importants dans l'individu. Par exemple : perfectionner ses muscles par l'entraînement physique, son cerveau par l'éducation. L'usage des organes les augmente et les fortifie ; la désuétude des parties ou des facultés les affaiblit. Et si grande est la puissance de l'habitude qu'on la nomme, proverbialement, une « seconde nature ». Il est donc certain que nous pouvons modifier l'individu. Nous pouvons fortifier (ou affaiblir) son corps ; nous pouvons améliorer (ou détériorer) son intelligence, ses habitudes, sa moralité. Mais il reste à examiner la question bien plus importante encore que nous allons traiter. Ces modifications, la progéniture de l'individu modifié en héritera-t-elle ? L'amélioration individuelle se transmet-elle aux descendants indépendamment de l'enseignement et de l'exemple personnels ? Les changements d'anatomie ou d'habitude produits artificiellement ont-ils une tendance inhérente à devenir congénitalement transmissibles, et à se convertir, avec le temps, en traits constitutionnels ou caractéristiques, fixes ? Le philanthrope peut-il compter sur une semblable tendance comme sur un facteur favorable dans l'évolution de l'humanité, la seule base légitime et stable d'un état de choses supérieur et plus heureux étant, ainsi

qu'il le sait, ou doit le savoir, l'amélioration innée
et constitutionnellement fixée de la race considérée
comme un tout. Si les modifications acquises sont
empreintes sur la progéniture et sur la race, l'éducation morale systématique des individus produira avec
le temps une race constitutionnellement morale,
et nous pouvons nourrir l'espoir d'améliorer l'humanité même en dépit de la sélection contre nature
par laquelle une philanthropie de mauvais aloi, bien
que fort populaire, voudrait, systématiquement, favoriser la survivance des moins aptes et la multiplication rapide des pires. Mais si les modifications acquises ne tendent pas à se transmettre, si l'usage ou
la désuétude des organes ou des facultés n'a pas d'influence héréditaire sur la postérité, alors il est ma-
nifeste qu'aucune amélioration innée ne peut s'effectuer dans la race sans l'aide de la sélection naturelle ou artificielle.

Herbert Spencer soutient que les effets de l'usage
et de la désuétude *sont* héréditaires dans l'espèce, et
dans ses *Factors of Organic Evolution* [1], il a appuyé son assertion sur un choix de faits et de raison-
nements que je vais avoir la témérité d'examiner et
de critiquer. Darwin professait la même opinion,
bien qu'avec moins de force. Ici, pour prévenir tout

1. Qui ont paru, primitivement, dans le *Nineteenth Century*
d'avril et mai, 1886.

malentendu, je dois dire que l'admiration respectueuse et reconnaissante que mérite Darwin ne doit pas empêcher, dans le moindre degré, la critique la plus libre de ses conclusions. Parachever son œuvre par l'élimination des erreurs qui lui sont, en réalité, étrangères, est un devoir tout aussi sacré que celui d'étudier et d'appliquer les grandes vérités qu'il nous a enseignées.

EXEMPLES ET ARGUMENTS CITÉS PAR SPENCER

M. Spencer a vérifié cet amoindrissement en comparant des mâchoires d'Anglais avec des mâchoires d'Australiens et de Nègres au Collège des Chirurgiens [1]. Il prétend que l'amoindrissement de la mâchoire chez les races civilisées ne peut avoir été amené *que par* l'hérédité des effets de la diminution d'usage. Mais si les mâchoires des Anglais sont plus

1. *Principes de Biologie*. Les mâchoires Anglaises sont quelque peu plus légères que les Australiennes, bien que je ne puisse affirmer qu'elles soient réellement plus courtes et plus petites. Dans les crânes types dépeints sur la page 68 du guide officiel des galeries des mammifères à South Kensington, le type de mâchoire Caucasienne est beaucoup plus grand que la mâchoire Tasmanienne, bien que les dents qui s'avancent au dehors d'une façon répugnante fassent imaginer le contraire. L'assertion de M. Spencer sur les grandes mâchoires des anciens Bretons me semble erronée. (Voir *Scientific Papers and Addresses* du Professeur Rolleston, t. I, page 250.

légères et plus minces que celles des Australiens et des Nègres, il en est de même pour tout le reste du crâne. La diminution de poids et d'épaisseur du crâne ne pouvant être attribuée à la désuétude, elle doit l'être à quelque autre cause ; et cette cause a pu agir aussi sur la mâchoire.

La cessation du processus par lequel la sélection naturelle[1] favorisait les os forts et épais pendant les siècles de violence brutale a pu amener un changement dans cette direction. Une structure plus légère, facilitant l'agilité et économisant des matériaux, pouvait être, aussi, favorisée par la sélection naturelle dans la mesure où la force n'était pas trop sérieusement amoindrie.

La sélection sexuelle affecte puissamment la face humaine, et par suite doit affecter les mâchoires — ainsi que le montrent les différences entre les mâchoires masculines et féminines, et la légèreté et la petitesse relatives de ces dernières, surtout chez les races supérieures. La préférence humaine, soit sexuelle soit sociale, devait tendre à éliminer les énormes mâchoires et les dents féroces, dès que cel-

1. Romanes, Galton et Weismann se sont servis de ce principe pour expliquer l'amoindrissement d'organes tombés en désuétude. Weismann lui a donné le nom de *Panmixie* — *tous* les individus étant également libres de survivre et de mêler ensemble leurs variations, et non plus seulement des individus choisis ou favorisés. Voir *Sélection et Hérédité*, de Weismann.

les-ci n'étaient plus nécessaires comme armes de guerre ou organes de préhension, etc. Nous ne pouvons supposer que la moitié inférieure de la face soit spécialement soustraite à l'influence de la sélection naturelle et sexuelle; et les effets de ces facteurs incontestés de l'évolution doivent entrer en ligne de compte avant que nous n'ayons le droit d'appeler à notre aide un facteur dont l'existence est douteuse.

Si l'on tient compte des dents perdues et de l'absorption alvéolaire qui suit cette perte, et de la réduction proportionnelle à celle qui s'opère dans le reste du crâne, il se trouve que la différence moyenne de poids, entre cinquante mâchoires masculines Européennes, et quatorze mâchoires Australiennes, au Collège des Chirurgiens, fut moins d'un cinquième d'once, soit environ 5 pour cent. Cette légère réduction est plus qu'expliquée par des causes telles que la désuétude chez l'individu, la préférence humaine contribuant à réduire les dents, et par le transfert partiel de l'amoindrissement bien plus marqué des mâchoires féminines. Il n'y a pas là de place, apparemment, pour des effets accumulés *héréditaires* de désuétude ancestrale. Le nombre des mâchoires est petit, il est vrai; mais le poids doit certainement jouer un rôle plus décisif que la simple inspection de M. Spencer.

Il est plus facile d'expliquer les différences entre les mâchoires masculines Anglo-saxonnes et les mâchoires Australiennes et Tasmaniennes comme effets de préférence humaine et de sélection naturelle. Il est difficile de supposer que la désuétude maintiendrait ou développerait le menton proéminent, augmenterait sa hauteur perpendiculaire jusqu'à ce que la mâchoire fût plus profonde et plus forte à son extrémité, développerait une crête latérale, augmenterait une portion de l'os de la mâchoire supérieure pour faire partie d'un nez protubérant, tout en retirant les dents et les lèvres sauvagement avancées, dans une position rétrograde plus agréable et plus conforme à la beauté humaine. Si la préférence humaine et la sélection naturelle ont causé quelques-unes de ces différences, pourquoi seraient-elles incapables d'effectuer des changements dans la direction d'un amoindrissement de la mâchoire ou des dents? Et si l'usage et la désuétude sont les seuls agents modificateurs dans le cas de la mâchoire humaine, pourquoi l'homme a-t-il plus de menton qu'un gorille ou qu'un chien?

Le poids excessif des mâchoires de l'Afrique occidentale, au Collège des Chirurgiens, milite en partie contre la thèse de M. Spencer, à moins qu'il ne prétende que les nègres de Guinée se servent plus de leurs mâchoires que les Australiens, supposition qui paraît extrêmement peu probable. Le crâne plus lourd et les dents molaires plus étroites indiquent, toutefois, d'autres facteurs que l'accroissement d'usage.

La variabilité remarquable de la mâchoire humaine est en opposition complète avec l'idée que cette mâchoire serait sous la dépendance immédiate d'une cause aussi uniforme que l'usage ou la désuétude ancestrale. M. Spencer considère comme grande la variation d'une once, mais j'ai trouvé que les mâchoires Anglaises du Collège des Chirurgiens varient entre elles de 1,9 à 4,3 (ou cinq onces si l'on tient compte des dents perdues) et les mâchoires Australiennes varient de 2 à 4,5 onces (ne comptant *aucune* dent perdue) ; tandis que chez les mâchoires nègres le maximum s'élève au dessus de cinq onces et demie [1].

Malgré la désuétude, quelques mâchoires Européennes sont deux fois plus lourdes que la plus légère mâchoire Australienne, soit absolument, soit (en quelques cas) relativement au crâne. L'uniformité de changement sur laquelle compte M. Spencer est à peine justifiée par les faits en tant qu'il s'agit des mâchoires masculines. La grande réduction dans le poids des mâchoires et *crânes féminins* indique

1. Y compris, en chacun des cas, le fil de fer servant à les assujettir, qui pèse environ un seizième d'once, ou même moins.

évidemment la sélection sexuelle et la panmixie sous la protection des mâles.

Je pense que, somme toute, nous devons conclure que les mâchoires humaines ne donnent pas de preuve satisfaisante de l'hérédité des effets de l'usage et de la désuétude, ou que les différences dans leur poids, leur forme, et leur grandeur peuvent être interprétées d'une façon plus raisonnable et plus logique comme résultant de causes moins douteuses.

DIMINUTION DES MUSCLES MASTICATEURS CHEZ LES CHIENS D'APPARTEMENT

L'exemple suivant, celui des muscles servant à mordre, qui se trouvent amoindris chez les chiens d'appartement, est tout aussi peu satisfaisant comme preuve d'hérédité des effets de la désuétude ; car on peut expliquer aisément le changement sans introduire un semblable facteur. La sélection naturelle précédente des mâchoires, des dents, et des muscles forts se trouve ici renversée. Le choix volontaire, ou inconscient, de chiens d'appartement ayant la moindre tendance possible à mordre produirait facilement un affaiblissement général de tout l'appareil servant à mordre — la faiblesse des parties intéressées favorisant l'innocuité de ces animaux. M. Spencer soutient que la réduction des parties qui concourent à contracter la mâchoire n'est certainement pas dûe à la sélection artificielle parce que les modifications n'offrent aucun signe extérieur appréciable. Nul doute cependant qu'une morsure cruelle ne soit suffisamment appréciable par la personne mordue sans qu'il soit nécessaire de mesurer de l'œil les muscles masséters ou les arcades zygomatiques. La désuétude au cours de la vie produirait aussi un degré de dégénérescence ; et je ne suis pas sûr que M. Spencer ait raison d'exclure *entièrement* de ce problème l'économie de nutrition. Les éleveurs ne devraient pas nourrir surabondamment ces chiens ; et ceux qui grandiraient le plus vite devraient, habituellement, être favorisés.

LE RESSERREMENT DES DENTS

Les dents trop serrées dans les mâchoires « diminuantes » des hommes modernes (p. 13) [1], suggèrent aussi d'autres causes que l'usage ou la désuétude. Pourquoi n'y a-t-il pas simultanéité de variation dans les dents et les mâchoires, si la désuétude est le facteur agissant ? Devons-nous sup-

1. Les citations se rapportent aux *Factors of Organic Evolution*.

poser que la grandeur des dents humaines est conservée par l'usage au même moment où la désuétude amoindrit les mâchoires? M. Spencer reconnaît que l'encombrement des dents des boule-dogues et des chiens d'appartement est causé par la sélection artificielle des mâchoires raccourcies. Si un changement semblable se présente, réellement, chez l'homme, ne pourrait-on de même l'expliquer par quelque facteur, tel que la sélection sexuelle, qui pourrait affecter l'apparence extérieure au prix de défauts ou d'inconvénients moins visibles?

M. Spencer signale le délabrement de la dentition moderne comme étant le signe ou le résultat du resserrement des dents par suite de l'amoindrissement de la mâchoire par la désuétude [1]. Mais les dents qui sont le plus fréquemment trop resserrées sont les incisives inférieures. Les incisives supérieures sont moins comprimées, étant, communément, pressées en dehors par la rangée inférieure de dents qui s'ajustent en dedans de celles du haut quand elles mordent. Les incisives inférieures sont, d'une manière correspondante, pressées en dedans, et plus serrées les unes contre les autres. Cependant les incisives du haut se gâtent, ou du moins sont extraites, environ vingt fois plus souvent que les incisives du bas si étroitement resser-

1. Page 13. et *Nineteenth Century*, février 1888, p. 211.

rées [1]. Cela doit indiquer, à coup sûr, que le resserrement n'est pas la cause de leur destruction.

1. *Dental Surgery*, par Tomes, pages 273 à 275. Tomes fait observer qu'on est encore incertain sur la façon dont la civilisation
prédispose à la carie. Mais il prouve que la carie tient à ce que
les sels de chaux des dents sont attaqués par des *acides* venant
des aliments en décomposition dans les fentes, de boissons artificielles telles que le cidre, du sucre, de drogues médicinales,
et de sécrétions viciées de la bouche. Il est évident que chez les
races civilisées la sélection naturelle ne peut pas insister aussi
rigoureusement sur des dents saines, des constitutions saines, et
une salive *alcaline protectrice*. La réaction d'une bouche civilisée
est souvent acide, surtout quand l'organisme souffre de dyspepsie ou autres maladies, ou défectuosités de santé qui sont communes dans l'état civilisé. La masse principale de la salive, que déversent les joues au niveau des molaires supérieures est souvent
acide quand elle est en petite quantité. Mais la salive sous-
maxillaire et sub-linguale déversée au pied des incisives inférieures, et tenue dans la partie antérieure de la mâchoire comme
dans une cuiller • diffère de la salive parotidienne en ce qu'elle
est plus alcaline • (*Text Book of Physiology* de Foster, p. 238; Tomes, p. 284, 685.) Un observateur dit que la réaction auprès des
incisives inférieures n'est • jamais acide ». D'où vient (j'en conclus) l'immunité contre la carie remarquée dans les incisives et
canines inférieures. immunité qui s'étend, en arrière, en un
degré décroissant, aux première et seconde prémolaires. Il est
possible que le resserrement des incisives inférieures aide à empêcher de retenir des fragments de nourriture en décomposition.
La sélection sexuelle peut multiplier la carie en favorisant les
dents blanches qui y sont plus sujettes que les jaunes. L'altération acide du mucus pourrait expliquer à la fois la carie et (peut-
être) l'étrange infertilité de quelques races inférieures, soumises
à la civilisation.

L'apparition tardive et irrégulière des dents de sagesse a été quelquefois supposée indiquer leur disparition graduelle, faute d'espace, dans une mâchoire qui s'amoindrit. Mais une note sur les crânes Tasmaniens dans le *Catalogue of the College of Surgeons* (p. 199) montre que cette apparition tardive et irrégulière a été commune chez les Tasmaniens tout comme chez les races civilisées, de sorte que le changement ne saurait être attribué aux effets de la désuétude dans l'état de civilisation.

CRUSTACÉS AVEUGLES DES CAVERNES

Les crustacés des cavernes qui ont perdu leurs yeux hors d'usage, mais non leurs pédoncules sans emploi, paraissent un exemple des effets de la sélection naturelle plutôt que de ceux de la désuétude. La perte de l'œil, exposé, sensible, et plus qu'inutile, était un gain positif, tandis que le pédoncule sans emploi, n'étant pas un détriment réel pour le crabe, ne serait que peu affecté par la sélection naturelle, bien que soumis aux effets cumulatifs de la désuétude. Les yeux sans emploi mais mieux protégés du rat aveugle des cavernes sont encore « grands » (*Origine des Espèces*, traduction Barbier, p. 150).

PAS DE VARIATION CONCOMITANTE PAR DÉSUÉTUDE CONCOMITANTE

Il n'est que juste d'ajouter que ces exemples du pédoncule persistant de l'œil des crustacés des cavernes, et des dents resserrées, sont avancés par M. Spencer dans le but immédiat de prouver qu'il « n'existe pas de variation concomitante dans des parties coopérant ensemble » même quand elles sont « formées du même tissu, comme l'œil du crustacé et son pédoncule. » (Pages 12-14, 23, 33). Cependant, il échappe à son attention qu'en deux de ces trois cas, c'est la *désuétude*, ou *la diminution d'usage*, qui manque à produire une variation concomitante ou proportionnée.

LA GIRAFE, ET LA NÉCESSITÉ D'UNE VARIATION CONCOMITANTE

Ayant, sans s'en douter, montré que l'usage restreint de parties en relation intime et coopérantes ne détermine pas une variation concomitante dans ces parties, M. Spencer conclut que les variations concomitantes nécessaires pour l'évolution ne peuvent être causées que par des changements de degrés d'usage ou de désuétude. Il s'efforce laborieusement de prouver que les nombreuses modifications coordonnées de parties que nécessite chaque changement dans un animal sont si complexes qu'il n'est pas possible de les accomplir autrement que par l'effet héréditaire de l'usage et de la désuétude des diverses parties en jeu. Il soutient, par exemple, que la sélection naturelle est insuffisante pour effectuer les nombreux changements concomitants que nécessitent des développements tels que celui du long cou de la girafe. Darwin, cependant, au contraire, soutient que la sélection naturelle seule « eût suffi à produire ce quadrupède remarquable [1] ». Il s'étonne de l'opinion de M. Spencer attribuant à la sélection naturelle si peu d'influence pour modifier les animaux supérieurs. Ainsi un des principaux arguments sur lesquels M. Spencer appuie sa théorie a une base si pauvre qu'il est rejeté par une autorité, qui en pareil sujet, lui est bien supérieure. Il suffirait que la sélection naturelle conservât les plus grandes girafes par leur facilité à atteindre, en temps de sécheresse, des provisions de feuillage inaccessibles aux plus petites. La variabilité continuelle de toutes les parties des animaux supérieurs

1. *Origine des Espèces*, traduction Barbier. p. 241. *Variation des Animaux et Plantes*, traduction Barbier. vol II. p. 216.

donne carrière à d'innombrables changements, et la nature a tout loisir pour les accomplir. Cependant, M. Spencer dit que « les chances contre des rajustements adéquats se produisant d'une manière fortuite doivent être dans la proportion de l'infini contre un ». Mais il a aussi montré qu'un degré différent d'usage ne cause pas la variation concomitante requise des parties coopérantes. Ainsi les chances contre un changement avantageux chez un animal doivent être, à estimation large, dans la proportion de l'infini contre deux. Si M. Spencer a prouvé quelque chose c'est qu'il est pratiquement impossible que la girafe ait acquis un long cou, ou l'élan ses énormes cornes, ou qu'aucune espèce ait jamais acquis une modification importante.

M. Wallace, dans son *Darwinisme* [1] répond à M. Spencer par une collection de faits montrant que la « variation est la règle », que l'étendue de la variation chez les animaux sauvages et les plantes est bien plus grande qu'on ne l'avait supposée, et que « chaque partie varie, à un degré considérable, et indépendamment » d'autres parties, de telle sorte que les « matériaux, toujours prêts à subir l'action de la sélection naturelle, sont en quantité abondante, et d'espèces très variées ». En même temps, des parties coopérantes se trouvent plus ou

1. Tome I de la *Bibliothèque Évolutioniste.*

moins en corrélation, de telle sorte qu'elles tendent à varier ensemble, ce qui rend inutile une variation coïncidente. Une génération, par exemple, peut gagner une aile plus longue, tandis que le renforcement du muscle vient à une période subséquente ; l'oiseau, dans l'intervalle, faisant traite sur l'excédant de son énergie, et aidé (si je puis le suggérer) par l'effet fortifiant de l'augmentation d'usage chez l'individu. Puisque la sélection artificielle de variations compliquées a modifié des animaux en beaucoup de points, soit d'une façon simultanée, soit par degrés successifs, comme par exemple les moutons loutres, les pigeons de fantaisie, etc. (beaucoup de caractères ainsi obtenus étant évidemment indépendants de l'usage et de la désuétude), on doit faire crédit à la sélection naturelle d'une puissance semblable, et M. Wallace en conclut que la difficulté insurmontable de M. Spencer « est entièrement imaginaire ».

Le passage concernant une « classe d'objections » quelque peu analogue, que M. Spencer cite d'après ses *Principes de Biologie*, est d'un raisonnement vicieux[1] dans son argumentation, bien que légitime

1. M. Spencer soutient, faiblement, qu'un attribut avantageux (tel que la rapidité, la vue perçante, le courage, la sagacité, la force, etc.) ne saurait être accru par la sélection naturelle, à moins qu'il ne fût « à ce moment, d'une importance plus grande que la plupart des autres attributs », et que la sélection naturelle ne peut développer aucune supériorité isolée quand les animaux sont éga-

dans sa conclusion relativement à la difficulté croissante de l'évolution en proportion du nombre et de
la complexité croissante des facultés à développer.
Mais cette difficulté croissante d'évolution complexe
n'est surmontée que par *quelques* individus et espèces
variant d'une façon favorable — point par tous. Et,
à mesure que la difficulté augmente, nous consta-
tons la négligence et la décadence des facultés moins
en réquisition — ainsi que cela se passe chez les animaux domestiques et les hommes civilisés, qui perdent, dans une direction, ce qu'ils gagnent dans
l'autre. La difficulté croissante d'évolution complexe
par la sélection naturelle ne prouve aucunement
l'hérédité d'exercice [1], excepté pour ceux qui confon-
dent difficulté et impossibilité.

lement préservés par « d'autres supériorités ». Mais puisque la
sélection naturelle élimine simultanément les tendances à la len-
teur, la cécité, la surdité, la stupidité, elle *doit* favoriser et améliorer beaucoup de points simultanément, quoiqu'aucun d'eux tous
ne soit d'une importance plus grande que les autres. Naturellement, plus l'évolution est compliquée, et plus elle sera lente,
mais le temps ne manque pas, et le champ et la quantité sont
proportionnellement vastes.

1. Je me permets de proposer ce terme concis pour exprimer
l'hérédité directe des effets de l'usage et de la désuétude dans l'es-
pèce. Il est très commode d'avoir un nom pour chaque chose ; cela
facilite la clarté et l'exactitude du raisonnement, et dans cette
étude, en particulier, on évitera quelque confusion dans la pensée,
provenant de la variabilité de la signification des phrases abré-

PRÉTENDUS EFFETS DÉSASTREUX DE LA SÉLECTION NATURELLE

M. Spencer prétend, en outre, que la sélection naturelle, en développant d'une manière irrégulière des modifications spécialement avantageuses sans les modifications secondaires nécessaires mais complexes, rendrait la constitution d'une variété « irréalisable », (page 23). Mais ceci ne paraît guère admissible, puisque la sélection naturelle doit continuellement favoriser les constitutions les plus faciles à modifier, et conserve les organismes en proportion de la mesure où ils présentent cette adaptation générale avec la modification spéciale. D'autre part, selon M. Spencer lui-même, l'hérédité d'exercice doit souvent déranger l'équilibre de la constitution. Ainsi, elle tend à rendre inutilisables les mâchoires et les dents par le resserrement et la chute des dents — car il n'y a, comme le montrent ses exemples, aucune variation simultanée, ou concomitante, ou proportionnelle, en rapport avec un changement de degré d'usage ou de désuétude.

gées qu'on serait autrement forcé d'employer pour indiquer ce grand facteur, encore innommé, de l'évolution.

CAS CONTRADICTOIRE DES INSECTES NEUTRES

M. Spencer pense aussi que la plupart des phénomènes mentaux, surtout ceux qui sont complexes, ou sociaux ou moraux, ne peuvent être expliqués que comme naissant de l'hérédité d'exercice, celle-ci devenant un facteur de plus en plus important de l'évolution à mesure que nous avançons du monde végétal et des degrés inférieurs de vie animale jusqu'aux activités, aux goûts et aux habitudes plus complexes des organismes supérieurs (préface et page 74). Mais nous possédons une preuve assez décisive que des changements tels que l'évolution de structures, d'habitudes, et d'instincts sociaux compliqués *peut* avoir lieu indépendamment de l'hérédité d'exercice. Les instincts merveilleux des abeilles ouvrières sont apparemment nés (du moins dans leurs ultimes complications et développements sociaux) sans le secours de l'hérédité d'exercice — et même, en dépit de l'opposition de celle-ci. Les abeilles ouvrières, étant des « neutres » infertiles, ne peuvent pas, en bonne règle, transmettre leurs propres modifications et habitudes. Elles descendent d'innombrables générations d'abeilles reines et de mâles dont les habitudes ont considérablement différé de celles des ouvrières, et dont l'anatomie diffère à beaucoup d'égards. Chez beaucoup d'espèces de fourmis il y a deux sortes de neutres, et chez les Œcodomes, au Brésil, il y a même trois sortes de neutres qui diffèrent entre elles, et aussi de leurs ancêtres mâle et femelle, « à un degré presque incroyable[1] ». La caste des combattantes se distingue de celle des ouvrières par des têtes d'une énorme grandeur, des mandibules très puissantes, et des instincts « différant extraordinairement ». Chez une fourmi de l'Afrique occidentale une sorte de neutre est trois fois plus grosse que les autres, et possède des mâchoires cinq

1. *Origine des Espèces*, traduction Barbier, p. 307 *seq*, et *Naturalist on the Amazons*, de Bates. Darwin « s'étonne que personne n'ait encore avancé le cas probant des insectes neutres contre la doctrine bien connue de l'habitude héréditaire, telle que Lamarck l'a énoncée ». Ainsi qu'il le fait très justement observer « ce cas prouve que, chez les animaux, comme chez les plantes, une quantité quelconque de modification peut être effectuée par l'accumulation de variations nombreuses, légères, spontanées, qui sont avantageuses, sans que l'exercice ou l'habitude entrent en jeu. Car des habitudes qui sont l'apanage spécial des ouvrières ou femelles stériles, quand même elles seraient longuement continuées, ne pourraient affecter les mâles et les femelles fertiles qui seuls laissent des descendants. » Il est possible qu'on eût besoin de modifier quelque peu ces remarques, cependant, pour expliquer le cas des « reines factices » qui (probablement parce qu'elles ont eu part à la nourriture royale) deviennent capables de produire quelques œufs mâles.

fois plus longues. Dans un autre cas, « les ouvrières d'une seule caste portent une étonnante espèce de bouclier sur leur tête ». Une des trois classes neutres de la fourmi Œcodome a un œil unique au milieu du front. Chez certaines fourmis Mexicaines et Australiennes quelques-uns des neutres ont d'énormes abdomens sphériques, qui servent de vivants réservoirs de miel à l'usage de la communauté. Dans le cas, également merveilleux, des termites, ou soi-disant « fourmis blanches » (qui appartiennent, toutefois, à un ordre d'insectes différant complètement des fourmis et des abeilles) les neutres sont aveugles et aptères, et se divisent en combattantes et ouvrières, chaque classe étant douée des instincts et structures nécessaires pour l'adapter à sa tâche. Il semble que, puisque la sélection naturelle peut former et maintenir les structures diverses et les instincts si compliqués des fourmis, des abeilles, des guêpes, et des termites, en opposition directe avec la prétendue tendance à l'hérédité d'exercice, nous avons le droit de conclure que la sélection naturelle, là où l'hérédité d'exercice ne lui est pas opposée, suffit également à la tâche d'évolution complexe, soit sociale soit mentale, dans les cas nombreux où les fortes présomptions, témoignant en sa faveur, ne peuvent être rendues presque incontestables en raison du fait exceptionnel que l'animal modifié demeure étranger à l'œuvre de la reproduction.

Les fourmis et les abeilles semblent capables de changer leurs habitudes et leurs méthodes d'action tout comme les hommes. Les abeilles importées en Australie cessent de faire provision de miel après l'expérience de quelques années d'hivers doux. Des communautés entières d'abeilles se livrent parfois au brigandage, et vivent en pillant des ruches, ayant soin d'en tuer d'abord la reine afin de semer la terreur parmi les ouvrières. Les fourmis esclaves servent avec dévouement leurs maîtres, et combattent celles de leur propre espèce. Forel éleva une fourmilière artificielle composée de cinq espèces différentes, et plus ou moins ennemies. Pourquoi un animal beaucoup plus intelligent ne pourrait-il modifier ses habitudes beaucoup plus rapidement et d'une façon plus étendue sans l'aide d'un facteur qui, évidemment, ne sert à rien dans le cas des insectes sociaux les plus intelligents ?

FACULTÉS ESTHÉTIQUES

Il est impossible de nier le développement moderne de la musique et de l'harmonie (p. 19), mais pourquoi ce développement n'eût-il pu être réalisé qu'à l'aide de l'hérédité des effets de l'exercice ? Pour-

quoi nous faut-il supposer que « des traits secondaires » tels que les « perceptions esthétiques » ne peuvent avoir pris naissance que grâce à la sélection naturelle (p. 20) ou par la sélection sexuelle ! Darwin
est d'avis que nos facultés musicales sont développées par la préférence sexuelle longtemps avant
l'acquisition du langage. Il croit que les « rythmes
et les cadences de l'art oratoire dérivent des facultés musicales développées précédemment », conclusion « exactement opposée » à celle de M. Spencer[1].
La susceptibilité émotionnelle à la musique, et les
perceptions délicates que nécessitent les branches
supérieures de l'art, sont apparemment l'œuvre de la
sélection naturelle et sexuelle dans le passé lointain.
La civilisation, avec ses loisirs, sa richesse, et ses
accumulations de savoir, perfectionne les facultés
humaines par une culture artificielle, développe et
combine des moyens de jouissance, et découvre des
sources, non soupçonnées jadis, d'intérêt et de plai-
sir. Le sens de l'harmonie, si moderne qu'il semble
être, doit avoir été une conséquence latente indirecte
du développement du sens de l'ouïe et de la mélodie.
L'usage, du moins, n'eut jamais pu le créer. La
nature favorise et développe les jouissances jusqu'à
un certain point, car elles sont utiles à la conserva-

1. *Descendance de l'Homme*, traduction Barbier, p. 624, et 675 en
note au bas de la page.

tion, et à la préférence soit sexuelle, soit sociale,
en d'innombrables manières. Mais le progrès esthé-
tique moderne semble être presque entièrement
dû à la culture de capacités cachées, à la formation
d'associations complexes, à la sélection et l'encouragement du talent, et à la propagation au loin, et à
l'imitation des produits accumulés du génie bien
cultivé d'individus ayant varié d'une façon favorable. Le fait que les gens sans éducation ne jouissent
pas des goûts raffinés, et la rapidité avec laquelle ces
mêmes goûts sont acquis ou enseignés, devrait être
une preuve suffisante que la culture moderne est ame-
née par des influences bien plus rapides, et d'une toute
autre puissance que celle de l'hérédité de l'exercice.
Ce facteur hypothétique de l'évolution ne donnerait
pas un secours plus efficace pour expliquer les nombreux autres rapides changements d'habitude qu'a-
mènent l'éducation, les mœurs, la coutume, et les
conditions généralement transformées de la civilisation. Il est des penchants puissants — ainsi que
le montrent incontestablement les cas de l'alcool et
du tabac — qui sommeillent pendant des siècles, et
qui se manifestent soudain lorsque se produisent
des conditions qui leur conviennent. Chaque découverte, chaque pas dans l'évolution sociale et morale.
sont accompagnés d'un cortège de conséquences se
répandant au loin. Je ne vois pas comment on pour-

rait faire une part à l'hérédité d'exercice dans les résultats accumulés des inventions de l'imprimerie, de la locomotive à vapeur, et de la poudre à canon, ou de la liberté et de la sécurité sous un gouvernement représentatif, ou de la science et de l'art, et de l'émancipation partielle de l'esprit de l'homme quant à la superstition, ou des innombrables autres progrès ou changements qui s'opèrent au cours de la civilisation moderne.

M. Spencer propose de rechercher si les plus grandes facultés possédées par des musiciens éminents n'étaient pas dues, principalement, à l'effet héréditaire des exercices musicaux de leurs pères, p. 19). Mais ces grands musiciens auraient par héritage reçu beaucoup plus que ne possédaient leurs parents. L'excédent de leurs facultés sur celles de leurs parents doit sûrement être attribué à la variation spontanée ; et qui peut affirmer que le reste fut, en aucune manière, le produit de l'hérédité d'exercice ? Et si la supériorité des hommes de génie prouve l'hérédité d'exercice ; pourquoi l'infériorité des fils des hommes de génie ne prouverait-elle pas l'existence d'une tendance exactement opposée à l'hérédité d'exercice ? Mais nul ne s'occupe de recueillir les faits concernant les branches de familles musiciennes qui ont dégénéré. On ne remarque que les branches variant favorablement, et c'est ainsi que se produit une impression générale de la rapide évolution du talent. De tels cas pourraient aussi s'expliquer par le fait que la faculté musicale règne chez les deux sexes, que les familles musiciennes s'associent volontiers, et que leurs membres les mieux doués s'unissent par des mariages. Les grands musiciens sont souvent d'une précocité étonnante. Meyerbeer « jouait d'une manière brillante » à six ans. Mozart jouait admirablement à quatre. Faut-il supposer que l'effet des exercices, à l'âge *adulte*, de leurs parents, était hérité à cet âge si tendre? Si l'hérédité d'exercice n'a pas été nécessaire dans le cas de Handel, dont le père était chirurgien, pourquoi veut-on qu'elle explique Bach [1]?

LE DÉFAUT DE PREUVES

Les « preuves directes » de l'hérédité d'exercice ne sont pas aussi abondantes qu'on pourrait le désirer, semble-t-il (pages 24 à 28). Cette « pénurie de témoignages probants » impossible à méconnaître, est ici le trait de faiblesse caractéristique, bien que M. Spencer cherche à attribuer cette absence de preuves positives à une insuffisance

---

1. Voir là dessus l'*Essai sur la Musique* dans *Sélection et Hérédité* de Weismann (H. de V.).

d'investigation et à la nature peu nette de l'hérédité de la modification. Mais il y a une abondance infinie d'exemples frappants, évidents, des effets de l'usage et de la désuétude dans l'individu. Comment se fait-il que l'hérédité subséquente de ces effets n'ait pas été observée et étudiée d'une manière plus satisfaisante ? Les éleveurs de chevaux, ou autres animaux, auraient pu profiter d'une tendance pareille, et on ne peut s'empêcher de soupçonner que le fait qu'ils n'en tiennent compte doit provenir de son inefficacité pratique, causée probablement par sa faiblesse, son incertitude, ou même sa non-existence.

L'ÉPILEPSIE HÉRÉDITAIRE DES COCHONS D'INDE

La découverte, faite par Brown-Séquard, que la tendance épileptique que l'on peut produire, artificiellement, en mutilant le système nerveux d'un cochon d'Inde, est, à l'occasion, héréditaire, peut être un fait de « poids considérable » ou, d'autre part, peut être sans aucune portée. Des cas de ce genre nous frappent comme des exceptions particulières plutôt que comme des exemples d'une règle générale ou loi. Ils semblent montrer que certains états morbides peuvent, accidentellement, affecter à la fois l'individu, et les éléments reproducteurs, ou le type transmissible, d'une manière semblable ; mais nous savons aussi qu'une transmission si prompte et si complète d'une modification artificielle diffère largement de la règle ordinaire. Des cas exceptionnels demandent une explication exceptionnelle, et ne sauraient guère servir d'exemples de l'effet d'une ten-dance générale qui, dans presque tous les autres cas est si peu visible dans ses effets immédiats. Les ob-servations sur cette épilepsie héréditaire seront mieux placées, plus tard, à propos de l'explication que Darwin donne de la mutilation héréditaire qu'elle accompagne d'ordinaire. mais que M. Spencer ne mentionne aucunement.

FOLIE ET DÉSORDRES HÉRÉDITAIRES NERVEUX

M. Spencer, de ce que la folie est habituellement héréditaire, et de ce qu'elle peut être produite arti-ficiellement par divers excès, tire la conclusion que cette folie produite artificiellement doit aussi être héréditaire (page 28). Une preuve directe de cette conclusion vaudrait mieux qu'une pure déduction qui suppose ce qui est réellement en question. Le fait que la tendance à la folie s'étend, d'ordinaire, dans la famille, ne prouve nullement qu'une folie strictement spontanée, non héréditaire, doit fatalement devenir héréditaire par la suite. Je pense que l'on doit élever les théories sur des faits plutôt que les faits sur les théories, surtout lorsque ces mêmes faits doivent servir de base ou de preuve à une autre théorie.

M. Spencer fait aussi remarquer qu'il trouve chez les médecins « la croyance que des maladies nerveuses d'un genre moins grave sont héréditaires ». — Croyance générale qui ne comprend pas nécessairement la transmission de troubles produits d'une façon purement artificielle, et de cette façon manque le point important qui est réellement en litige. L'auteur dit cependant, d'une façon plus explicite, que « les hommes dont le système nerveux a été surmené par un travail excessif et prolongé, ou de toute autre manière, ont des enfants plus ou moins enclins à être nerveux ». Les observations suivantes justifieront, je pense, au moins une suspension du jugement en ce qui concerne cette forme particulière d'hérédité d'exercice.

I. L'état nerveux existe, chez les *petits enfants*, de très bonne heure, bien que l'état nerveux d'où on le suppose dérivé ne se soit présenté, d'une façon apparente, chez le parent, qu'a une période bien plus avancée de la vie. Le changement du temps est contraire à la règle de l'hérédité aux périodes correspondantes, et, joint à la rapidité inaccoutumée et au caractère relativement complet de l'hérédité, il peut indiquer une lésion spéciale ou détérioration des éléments reproducteurs plutôt qu'une véritable hérédité. Le cerveau sain de la jeunesse n'a pas transmis son état robuste. L'hérédité d'exercice n'a-t-elle donc d'efficacité que pour le mal? Ne transmet-elle que la faiblesse récemment acquise, et non la vigueur longuement continuée auparavant?

II. Les membres des familles nerveuses seraient sujets à souffrir de désordres nerveux, et, par la seule loi ordinaire de l'hérédité, transmettraient à leurs enfants leur état nerveux.

III. L'ébranlement des nerfs, ou la folie résultant d'excès alcooliques ou autres, ou du surmenage, ou des chagrins, sont évidemment des indices d'une grave lésion constitutionnelle qui peut réagir sur les éléments reproducteurs nourris et développés dans cette constitution ruinée. La détérioration du père et de l'enfant peut, souvent, se montrer dans les mêmes organes — ceux, probablement, qui sont héréditairement les plus faibles. Les maladies ou les troubles acquis paraissent donc être transmis lorsque tout ce que les rejetons ont reçu était la cause excitante d'une vitalité diminuée ou d'une action désorganisée, jointe à la prédisposition des ancêtres à des maladies semblables sous certaines conditions.

IV. Francis Galton pense qu' « il est difficile de trouver une preuve de la puissance qu'aurait la structure personnelle de réagir sur les éléments sexuels, qui ne donnât prise à de sérieuses objections ». Il considère quelques-uns des cas d'apparente hérédité comme de pures coïncidences d'effets. Ainsi « le fait qu'un ivrogne aura souvent des enfants idiots, bien que sa progéniture, avant qu'il ne se livrât à la boisson, ait été saine », est « un exemple d'action simultanée » et non de véritable hérédité. « L'alcool envahit ses tissus, et, naturellement, affecte la matière germinale dans les éléments sexuels tout autant qu'il affecte les cellules anatomiques, ce qui amène l'altération de la qualité des nerfs. La même chose doit se produire, exactement, dans le cas de beaucoup de maladies constitutionnelles qui ont été contractées à la suite d'habitudes irrégulières longuement continuées » [1].

LES TYPES INDIVIDUEL ET TRANSMISSIBLE NE SONT PAS MODIFIÉS ÉGALEMENT PAR L'EFFET DIRECT DU CHANGEMENT DES HABITUDES ET DES CONDITIONS.

M. Spencer a de la peine à croire que les modifications communiquées à la progéniture ne sont

1. *Contemporary Review*, décembre 1875, p. 92.

pas de tendance identique aux changements opérés chez le parent par la modification d'usage ou d'habitude (pages 23 à 25 et 34). Mais il est parfaitement sûr que ces deux séries d'effets ne sont pas nécessairement en correspondance. L'effet des changements d'habitudes ou de conditions chez l'individu est, souvent, très loin de coïncider avec les effets sur les éléments reproducteurs, ou type transmissible.

Le système reproducteur est « d'une sensibilité extrême » aux changements les plus légers, et se trouve souvent influencé avec puissance par des circonstances qui, d'ailleurs, ont peu d'effet sur l'individu (*Origine des Espèces*, chap. I). Divers animaux et plantes deviennent stériles quand ils sont domestiqués ou nourris d'une façon trop substantielle. Les indigènes de la Tasmanie se sont éteints grâce à la stérilité engendrée par de grands changements de régime et d'habitudes. Si, ainsi que l'enseigne M. Spencer, une culture intellectuelle et un travail cérébral longtemps continués doivent amener une fertilité diminuée ou une stérilité relative, nous aurons à prendre garde que le développement intellectuel ne devienne une espèce de suicide, et que cultiver la race ne soit synonyme de l'éteindre — ou tout au moins, de produire l'extinction des individus les plus susceptibles de culture.

Les éléments reproducteurs sont aussi dérangés et modifiés en d'innombrables manières secondaires. Des changements de conditions ou habitudes tendent à produire une « plasticité » générale du type, la « variabilité indéfinie » ainsi causée étant, en apparence, indépendante du changement, s'il y en a, dans l'individu[1]. Un grand nombre de variations anatomiques sont certainement nées indépendamment de modifications semblables préliminaires chez les ancêtres. La cause première quelconque de ces variations congénitales « spontanées » affecte les éléments reproducteurs tout différemment de l'individu. « Quand une nouvelle particularité se présente, nous ne pouvons jamais prédire si elle sera héréditaire. » Beaucoup de variétés de plantes ne restent pures que par rejetons, et non par la graine qui n'est aucunement affectée de la même manière que la plante. Puisque de telles plantes ont *deux*

1. Voir *Origine des Espèces*, chap. I. « Des changements de conditions amènent une quantité presque indéfinie de variabilité flottante, par laquelle toute l'organisation est rendue, en quelque degré, plastique » (*Descendance de l'Homme*, trad. Barbier, chap. II). Il paraît aussi que « la nature des conditions est d'une importance secondaire en comparaison de la nature de l'organisme pour déterminer chaque forme particulière de variation ; — peut-être n'est-elle pas plus importante que la nature de l'étincelle, par laquelle une masse de matière combustible est enflammée, ne l'est pour déterminer la nature de la flamme. » (*Origine des Espèces*, trad. Barbier, p. 11).

types de reproduction, tous deux constants, il est évident qu'ils ne peuvent être tous les deux modifiés de la même manière que la plante mère. Beaucoup de modifications d'anatomie et d'habitude des parents ne sont pas transmises aux neutres des fourmis et des abeilles ; d'autres modifications, qui ne se voient pas chez les parents, étant transmises à leur place. Beaucoup d'autres circonstances tendent à prouver que l'individu et son type transmissible sont indépendants l'un de l'autre en tant qu'il s'agit de modifications de leurs parties.

Il peut sembler naturel d'attendre la transmission d'un muscle fortifié ou d'un cerveau cultivé, mais, d'autre part, pourquoi serait-il déraisonnable de s'attendre à ce qu'une modification d'origine non-congénitale persiste à rester non-congénitale? Pourquoi serions-nous surpris de la non-transmission de ce qui n'a pas été transmis?

M. Spencer pense que la non-transmission des modifications acquises est en désaccord avec le grand fait de l'atavisme. Mais la grande loi de l'hérédité de ce qui est un développement du type transmissible n'implique pas nécessairement l'hérédité des modifications acquises par l'individu. Il ne s'ensuit pas de ce que les enfants anglais héritent des yeux bleus et des cheveux de chanvre de leurs ancêtres anglo-saxons qu'un anglais doive hériter du teint bronzé au soleil, ou de la face rasée de son père. Naturellement, l'atavisme, en fin de compte, adopte beaucoup de sujets révoltés contre sa domination. Mais prétendre que les changements de type *suivent* le changement personnel plutôt que de le causer, c'est trancher d'avance toute la question en litige. C'est un principe vrai, en général, que le pareil engendre son pareil, mais il a nombre d'exceptions, et la non-hérédité des caractères acquis pourrait bien en être une.

LES EXEMPLES DE DARWIN

Les cas cités par M. Spencer qui sont le plus redoutables sont empruntés à Darwin. Je vais essayer de prouver, toutefois, que Darwin a probablement eu tort de conserver l'ancienne interprétation de ces faits, et que les restes de la théorie Lamarkienne de l'hérédité d'exercice ne doivent plus continuer à encombrer la grande explication qui a remplacé cette théorie fallacieuse et dépourvue de preuves, et l'a rendue totalement inutile. Je pense, en attendant, que c'est un excellent signe d'entendre M. Spencer se plaindre de ce que « de nos jours, la plupart des naturalistes sont plus Darwiniens que M. Darwin lui-même » en tant qu'ils inclinent à dire qu'il n'y a « pas de preuve » que les effets de l'usage et de la désuétude soient héréditaires. D'autres excellents symptômes sont la publication récente d'une traduction des importants essais de Weismann sur ce sujet et d'autres de même famille[1], le vigoureux

---

[1]. *Sélection et Hérédité* de Weismann; trad. H. de Varigny, Paris. Reinwald, 1891.

appui qu'a donné à ses idées Wallace dans son *Darwinisme*, et l'adoption de ces mêmes idées par Ray Lankester dans son article sur la zoologie dans la dernière édition de l'*Encyclopædia Britannica*. Ce chercheur sûr et patient, Francis Galton, avait aussi, dès 1875, conclu que « les modifications acquises sont à peine, si toutefois elles le sont. *héréditaires*, dans le sens correct de ce mot ».

La croyance de Darwin dans l'hérédité des caractères acquis était plus ou moins héréditaire dans sa famille. Son grand-père, Erasme Darwin, avait devancé les vues de Lamarck dans sa *Zoonomia*, que Darwin à un moment, a « beaucoup admirée ». Son père était « convaincu » des « effets héréditaires désastreux de l'alcool » et, dans ce sens, du moins, pénétra fortement l'esprit de ses enfants de la croyance à l'hérédité des caractères acquis [1]. Darwin doit aussi avoir été imbu d'idées Lamarckiennes d'autres sources, bien que le plaidoyer enthousiaste

1. *Vie et Correspondance de C. Darwin*, trad. H. de Varigny, I, p. 13. La vénération de Darwin pour son père « était sans bornes, et des plus touchantes. Il aurait voulu juger tout autre chose au monde sans passion, mais ce que son père avait dit était reçu avec une foi presque implicite ;.... il espérait qu'aucun de ses fils ne croirait jamais une chose parce qu'il l'avait dite, à moins qu'ils ne fussent eux-mêmes convaincus de sa vérité — sentiment en contraste frappant avec sa propre manière de croire » (*Vie et Correspondance*, I, p. 13. »)

du docteur Grant ait entièrement manqué à le convertir à la croyance en l'évolution [1]. « Néanmoins, dit il, il est probable que le fait d'avoir, dès mes premières années, entendu exposer et admirer de telles opinions a pu être cause que je les ai soutenues, sous une forme différente, dans mon *Origine des Espèces.* » Cette remarque se rapporte aux vues de Lamarck sur la doctrine générale de l'évolution, mais pourrait s'appliquer avec autant de vérité au fait que Darwin a, en partie, conservé l'explication Lamarckienne de cette évolution. Le professor Huxley a fait observer que Darwin, dans sa première esquisse de théorie de l'évolution (1844), attachait plus d'importance à l'hérédité des habitudes acquises qu'il ne le fait dans son *Origine des Espèces* publiée quinze ans plus tard [2]. Il semble avoir acquis sa croyance, dans sa jeunesse, sans l'avoir mise en question et rigoureusement éprouvée comme il l'eût fait si elle eût émané de lui-même. Plus tard dans la vie, elle lui parut utile pour soutenir sa théorie de l'évolution dans des points secondaires, et en particulier, absolument indispensable comme *unique* explication de l'amoindrissement des parties tombées en désuétude dans des cas où, comme chez les animaux domestiques, l'économie de croissance semblait être

---

1. *Vie et Correspondance*, I, p. 43,
2. *Vie et Correspondance*, t. II. p. 187.

pratiquement impuissante. Il négligea de donner une attention adéquate aux effets de la panmixie, ou retrait de la sélection, en causant ou permettant la dégénérescence et l'amoindrissement par la désuétude : et il n'attache qu'une importance insuffisante au fait que les organes rudimentaires et autres effets supposés de l'usage ou de la désuétude sont des traits tout aussi marqués chez les insectes neutres qui ne peuvent transmettre ces effets comme cela a lieu chez les animaux supérieurs.

RÉDUCTION DES AILES DES OISEAUX DES ILES OCÉANIQUES

Darwin lui-même a indiqué que les ailes rudimentaires des coléoptères insulaires, que l'on croyait d'abord devoir attribuer à la désuétude, sont surtout le produit de la sélection naturelle — les coléoptères les mieux pourvus d'ailes étant plus exposés à être enlevés en mer. Mais il dit que les oiseaux des îles océaniques « n'étant persécutés par aucun ennemi, la réduction de leurs ailes a probablement pour cause la désuétude ». Cette explication peut être tout aussi fausse qu'on l'a reconnue être pour le cas des coléoptères insulaires. Suivant les propres opinions de Darwin, la sélection naturelle *doit* au moins avoir joué un rôle important dans la réduction des ailes ; car il professe que « la sélection naturelle essaie continuellement d'économiser chaque partie de l'organisation ». Il dit : « si, sous des conditions de vie changées une structure qui était utile le devient moins, sa diminution sera favorisée, car il sera profitable à l'individu de ne pas gaspiller ses aliments dans la construction d'une partie sans utilité.... Ainsi, comme je le crois, la sélection naturelle tendra, à la longue, à réduire toute partie quelconque de l'organisation, dès qu'elle devient superflue par le changement des habitudes[1]. » Si, comme Darwin l'avance fortement (et ici il ne tient aucun compte de son explication ordinaire), les ailes des autruches sont insuffisantes pour voler[2] par suite de l'économie qu'impose la sélection naturelle, pourquoi les ailes réduites du dodo, du pingouin, ou de l'aptéryx, ou des coureurs en général, ne pourraient-elles être attribuées entièrement à la sélection naturelle favorisant l'économie des matériaux et l'adaptation des parties aux conditions changées ? Le grand principe de l'économie est continuellement à l'œuvre, formant les organismes, comme les sculpteurs forment les statues, en enlevant les parties superflues ; et un seul coup d'œil jeté sur la forme des animaux en général montrera

1. *Origine des Espèces*, trad. Barbier, chap. VI.
2. *Ibid*, p. 244.

que c'est un principe à peu près aussi dominant et universel que celui du développement des parties utiles. D'autres causes, de plus, outre l'économie réelle, favoriseraient des ailes plus courtes et plus commodes dans des îles océaniques. En premier lieu, les oiseaux à ailes quelque peu faibles seraient portés à s'arrêter et s'établir dans un île. Les ailes raccourcies deviendraient alors avantageuses parcequ'elles réprimeraient des tendances migratoires fatales ou des envolées inutiles ou périlleuses dans lesquelles les oiseaux allant le plus loin seraient le plus souvent emportés par des tempêtes et des vents contraires. Les ailes réduites retiendraient les oiseaux auprès de l'abri et de la nourriture que fournit l'île et son voisinage, et, dans quelques cas, seraient adaptées comme nageoires ou battants pour nager sous l'eau à la poursuite des poissons.

Les dimensions réduites des ailes de ces oiseaux océaniens ont un parallèle dans la minceur remarquable de l'écaille de la « gigantesque tortue terrestre » des îles Galapagos. Les changements qu'on voit dans sa carapace peuvent à peine avoir été produits par les effets héréditaires d'une désuétude spéciale. Pourquoi alors la réduction d'ailes également inutiles, plus extravagantes, et peut-être réellement dangereuses, ne pourrait-elle être attribuée à une économie qui est devenue avantageuse au reptile comme à l'oiseau par l'absence des mammifères rivaux qu'ils vont évidemment remplacer en raison des modifications graduelles dont ils sont le siège ? La perte *complète* des ailes chez les neutres des fourmis et les termites ne peut guère être dûe aux effets héréditaires de la désuétude; et comme la sélection naturelle a aboli ces ailes en dépit de l'opposition de l'hérédité d'exercice, elle doit évidemment suffire à réduire les ailes sans l'aide de celle-ci. En considérant les ailes rudimentaires de l'aptéryx, ou du moa, de l'ému, de l'autruche, etc, nous ne devons pas oublier qu'il se présente à l'occasion, ou même fréquemment, de dures saisons, des temps de sécheresse et de famine, où la nature élimine les organismes mal adaptés, trop dépensiers ou faisant double emploi, par un procédé sévère et radical. Là où n'existent pas d'ennemis, la multiplication ne serait pas restreinte, et cela augmenterait terriblement l'âpreté de la concurrence pour la nourriture, et hâterait ainsi l'élimination des parties sans usage et sans utilité.

LES OREILLES TOMBANTES ET LES INSTINCTS ERRONÉS

M. Galton a indiqué que les races existantes et les organes existants ne sont maintenus à leur diapason élevé actuel d'excellence organique que par l'action rigoureuse et incessante de la sélection, soit naturelle soit artificielle ; et le simple relâchement ou le retrait de ces influences sélectives doit, presque nécessairement, aboutir à un certain degré de dégénérescence, indépendamment même du principe d'économie [1]. Je pense que cette cessation d'un processus sélectif antérieur peut expliquer les oreilles tombantes — mais *non diminuées* — de divers animaux domestiques, (la préférence de l'homme et l'augmentation de poids aidant, sans doute) et aussi les instincts inférieurs qu'on remarque chez eux et chez les chenilles, nourries artificiellement, du papillon du ver à soie, qui maintenant « commettent souvent l'étrange bévue de dévorer la base de la feuille dont elles se nourrissent, et par conséquent tombent à terre ».

En tous cas, je ne vois pas trop ce que prouverait ce dernier cas, à moins que ce ne soit que l'instinct naturel peut être perverti ou aboli dans des conditions contre nature et par une méthode de sélection changée qui supprime le correctif énergique que fournissait auparavant la sélection naturelle.

1. *Contemporary Review*, décembre 1875, pages 89, 93.

AILES ET PATTES DES CANARDS ET DES POULETS.

Les ailes réduites et les pattes agrandies des canards et poulets domestiqués sont attribués par Darwin et Spencer à l'hérédité des effets de l'usage et de la désuétude. Mais cette conclusion n'est aucunement rigoureuse. La sélection naturelle favoriserait habituellement ces changements d'adaptation, et ils auraient, aussi, été secondés par une sélection artificielle souvent non préméditée ou indirecte. Des oiseaux ayant une moindre facilité à voler seraient moins difficiles à garder et à gouverner, et en conservant et multipliant ces oiseaux, l'homme, sans en avoir conscience, amènerait des changements anatomiques qu'on pourrait aisément considérer comme des effets d'usage et de désuétude. « Il y a environ dix-huit siècles, Columelle et Varron parlaient de la nécessité de garder les canards dans des enclos munis de rets, comme les autres volailles sauvages, ce qui prouve qu'à cette époque on courait le risque de les voir s'envoler[1]. » N'est-il pas probable que ceux qui volaient le mieux s'échappaient fréquemment, ou qu'ils languissaient le plus quand on les retenait prisonniers? D'autre part,

1. *Variation des Animaux et Plantes*, trad. Barbier. p. 303.

des oiseaux avec une puissance de vol amoindrie ne seraient pas éliminés comme sous des conditions naturelles, mais au contraire favorisés ; et la sélection naturelle, jointe à la sélection artificielle des oiseaux les plus forts, devait épaissir et fortifier les pattes afin de leur permettre de donner ce qu'on en attendait.

L'amoindrissement de l'aile du canard n'est pas grande même chez les oiseaux qui ne « volent jamais », et nous devons en déduire l'effet direct de la désuétude sur l'individu pendant sa vie. Ainsi que le suggère Weismann, la portion *héritée* du changement ne pourrait être constatée qu'en comparant les os, etc., des canards sauvages et domestiques *élevés de même*. Si la désuétude individuelle diminuait le poids des os de l'aile du canard de 9 pour cent il ne resterait rien à expliquer.

Je soupçonne que des investigations révéleraient des anomalies en contradiction avec la théorie de l'hérédité d'exercice. Ainsi, selon les tables de poids et mesures comparés de Darwin, les os de la patte du canard-pingouin ont légèrement diminué de longueur, bien qu'ils aient augmenté de 39 pour cent en poids. Relativement au poids du squelette, les os du tarse se sont raccourcis dans les races apprivoisées de canards de plus de 5 pour

1. *Variation des Animaux et Plantes.* trad. Barbier. I. p. 319.

cent (et chez deux races de plus de 8 pour cent) bien qu'ils aient augmenté de plus de 28 pour cent en poids proportionnel [1]. Comment un accroissement d'usage peut-il, simultanément, raccourcir et épaissir ces os ? Si le raccourcissement relatif est attribué à une charpente plus lourde, alors le poids en apparence réduit des os de l'aile s'explique pleinement par la même circonstance, et la désuétude n'a eu aucun effet héréditaire.

Une autre circonstance étrange est que les os des ailes n'ont diminué *que de longueur*. Le raccourcissement est d'environ 6 pour cent de plus que dans les pattes raccourcies, et s'élève à onze pour cent quand on le compare au poids de la charpente. Un tel raccourcissement représenterait une réduction de poids de 29 pour cent, tandis que la réduction réelle du poids des os de l'aile n'est que de 9 pour cent même chez les races qui ne volent jamais.

1. Pour marcher du même pas que cet accroissement latéral de poids, les os du tarse auraient dû s'allonger considérablement, ce qui fait monter à 17 pour cent leur défaut total de proportion dans la longueur — changement de proportion qui étant *linéaire* est plus excessif que l'augmentation de poids de 28 pour cent.

L'effet de cette combinaison d'épaississement et de raccourcissement est si marqué, que dans la race d'Aylesbury — qui est la race typique représentative par excellence — les os du tarse sont devenus de 70 pour cent plus lourds que si leur épaisseur avait continué à être proportionnée à leur longueur.

Indépendamment du raccourcissement, les os de l'aile non employés ont réellement épaissi, ou augmenté de poids. Chez les canards Aylesbury la disproportion causée par ces changements variés est si grande que les os de l'aile sont de 47 pour cent plus lourds qu'ils ne devraient l'être si leur poids avait varié dans la même proportion que leur longueur [1]. La réduction de poids sur laquelle compte Darwin paraît être entièrement due au raccourcissement, et ce même raccourcissement ne paraît aucunement se rapporter à la désuétude, puisque les ailes du canard Chanterelle sont pareillement raccourcies dans leurs proportions de 12 pour cent, quoique cet oiseau vole habituellement assez pour que Darwin attribue en partie le poids grandement accru de ses ailerons à un accroissement d'exercice dû à la domestication.

Nous trouvons que *tous* les changements sont dans la direction d'os plus courts et plus épais, ten-

[1]. Cet épaississement excessif par la désuétude semble être dû en partie à un agrandissement latéral positif, ou augmentation de poids d'environ 7 1/2 pour cent, et en partie à un raccourcissement d'environ 15 pour cent. Si l'on calcule avec soin, on verra que la réduction du poids des ailerons dans cette race n'est que de 8,3 pour cent relativement au squelette entier, ou seulement de 5 pour cent relativement au squelette *moins* les pattes et les ailes. Cette dernière méthode est la plus correcte, puisque le poids excessif des pattes augmente le poids du squelette plus que le raccourcissement des ailerons ne le réduit.

dance qui doit dépendre grandement de la suspension de la rigoureuse élimination qui maintient les os du canard sauvage *longs et légers*. Les os des pattes employés, et les ailerons sans emploi ont, de même, été raccourcis et épaissis, bien qu'en des proportions différentes.

La sélection naturelle ou artificielle pouvait aisément épaissir les pattes sans les allonger, ou raccourcir les ailes sans éliminer des os forts et lourds, mais on ne peut guère soutenir que l'hérédité d'exercice ait agi de manières si contradictoires. L'épaississement des ailerons a, en réalité, plutôt dépassé toute augmentation de poids du squelette, en dépit de l'effet de la désuétude individuelle et de l'effet cumulatif de désuétude des ancêtres pendant des centaines de générations, qu'on allègue. Le cas du canard mérite une attention spéciale parce qu'il est probant, ne fût-ce que parce que dans cet unique cas, Darwin a donné les poids des squelettes, procurant ainsi le moyen d'examiner ses détails de plus près qu'il n'est d'ordinaire possible de le faire.

Si nous dédaignons des facteurs tels que la sélection, la panmixie, la corrélation, et les effets de l'usage et de la désuétude durant la vie, et si nous nous obstinons à considérer le cas du canard domestique comme une preuve valable de l'hérédité des effets de l'usage et de la désuétude, nous devons l'accepter aussi comme une preuve également valable que les effets de l'usage et de la désuétude ne sont *pas* héréditaires. Il y a plus ; nous pouvons même admettre que, dans deux cas sur quatre, l'effet *héréditaire* de l'usage et de la désuétude sur les générations successives est exactement contraire à l'effet immédiat sur l'individu.

Chez les poulets les os de l'aile ont beaucoup perdu de poids, mais peu ou point de longueur — ce qui est le contraire de ce qui est arrivé chez les canards, bien qu'on allègue la désuétude comme la cause commune aux deux cas. Quelques-uns des poulets qui volent le moins ont les os de l'aile tout aussi longs qu'auparavant. Dans le cas des poules Soyeuse et Frisée, anciennes races qui « ne peuvent pas du tout voler » — et dans la volaille de Cochinchine, qui « peut à peine voler sur un perchoir bas », Darwin remarque « combien les proportions d'un organe sont fidèlement héréditaires bien que n'étant pas complètement exercées depuis beaucoup de générations [1] ». Dans quatre races sur douze, les os de l'aile sont devenus un peu plus lourds relativement aux os de la patte. Ces faits ne tendent-ils pas à montrer que les changements chez les ailes des poulets sont dûs à la variabilité fluctuante et aux influences sélectives plutôt qu'à une loi géné-

____

1. *Variation des Animaux et Plantes*, trad. Barbier, t. I, chap. VII.

rale d'après laquelle les effets de la désuétude sont hérités par accumulation ?

LES AILES DES PIGEONS

En ce qui concerne les ailes des pigeons, Darwin dit : « Les pigeons d'amateurs sont généralement enfermés dans des volières d'une dimension médiocre, et même lorsqu'ils ne sont pas ils n'ont pas à chercher leur propre nourriture ; aussi doivent-ils pendant de nombreuses générations s'être servis de leurs ailes incomparablement moins que le biset sauvage... mais si nous nous tournons vers les ailes nous trouvons ce qui, de prime abord, semble un résultat entièrement différent et inattendu [1]. » Cet accroissement inattendu dans le déploiement des ailes d'une extrémité à l'autre est attribuable aux plumes qui se sont allongées en dépit de la désuétude. En dehors des plumes, les ailes sont plus courtes chez dix-sept exemplaires et plus longues chez huit. Mais comme la sélection artificielle a allongé les ailes, en quelques cas, pourquoi ne peut-elle les avoir raccourcies en d'autres ? Des ailes avec des os plus courts se plieraient plus gracieusement que les longues ailes du pigeon messager, par exemple,

1. *Variation des Animaux et Plantes*, trad. Barbier, t. I, chap. V-VI.

et se trouveraient ainsi, inconsciemment, favorisées par les amateurs. La sélection d'oiseaux élégants, aux cous ou aux corps plus longs, causerait une réduction relative des ailes comme chez le pigeon Grossegorge où les ailes ont été grandement allongées, mais pas autant que les corps[1]. L'élancement du corps aussi, et la diminution de divergence de la fourchette diminueraient légèrement l'envergure des ailes, et affecterait ainsi les mensurations faites. Comme les os des ailes, en outre, sont en quelque degré en corrélation avec le bec et les pattes, la sélection artificielle de becs raccourcis pourrait tendre à raccourcir l'aile aussi bien que la patte. Dans de telles circonstances comment pouvons-nous être sûrs de l'efficacité réelle de l'hérédité d'exercice ? Certainement la sélection est aussi bien de force à effectuer de légers changements dans la direction de l'hérédité d'exercice qu'elle l'est, indubitablement, à effectuer de grands changements en opposition directe avec ce facteur présumé d'évolution.

LE RACCOURCISSEMENT DU BRÉCHET DES PIGEONS

Le raccourcissement du sternum, chez les pi-

1. *Ibid*, I, chap. V, VI.
2. *Ibid*, I, chap. V, VI.

geons, est attribué à la désuétude des muscles du vol qui y sont attachés. L'os est seulement raccourci d'un tiers de pouce, mais cela représente une réduction très remarquable dans la longueur proportionnelle estimée par Darwin à un septième ou un huitième, ou plus de treize pour cent. Cette réduction marquée, toute dissemblable de la légère réduction des os de l'aile auxquels les autres extrémités des muscles sont attachées, fut constante dans les onze exemplaires mesurés par Darwin ; et l'os, bien que reconnu comme ayant été modifié par la sélection artificielle dans quelques races, n'est pas aussi facile à observer que les ailes ou les pattes.

Pourtant si ce raccourcissement relatif du sternum restait autrement inexplicable, il pourrait être aussi étranger à l'usage et à la désuétude que l'est le fait que « beaucoup de races » de pigeons d'amateurs ont perdu une côte, n'en ayant que sept, tandis que le pigeon biset, leur ancêtre, en a huit [1]. Mais la réduction excessive du sternum n'est rien moins qu'inexplicable. En premier lieu, Darwin en a quelque peu exagéré l'importance. Au lieu de comparer le manque de longueur avec l'augmentation de longueur qui *aurait dû* être acquise (puisque les pigeons ont augmenté de grandeur moyenne), il

1. *Variation des Animaux et Plantes*, trad. Barbier, I, p. 181.

le compare avec la longueur du bréchet chez le biset sauvage [1]. Par cette méthode, si un pigeon avait doublé de dimensions pendant que son bréchet ne changeait pas, la réduction serait évaluée à cent pour cent, tandis qu'évidemment la vraie réduction serait de la moitié, ou cinquante pour cent, de ce que l'os *devrait* être. En évitant cette erreur, et une autre plus secondaire, une estimation correcte fait descendre cette réduction supposée de 13 ou 14 pour cent à 11.7 pour cent, qui constitue encore, naturellement, une diminution considérable.

Une partie de cette réduction doit être due à l'effet direct de la désuétude pendant la vie de l'individu. Une autre partie, et peut-être la plus considérable, du changement relatif, doit être attribuée à l'élongation du cou et du corps par la sélection artificielle, ou aux autres modifications de forme et de proportion effectuées directement, ou indirectement par la même cause [2]. La plus grande réduc-

1. *Ibid.* Je soupçonne que Darwin était malade quand il a écrit cette page. Il s'y assoupit au moins quatre fois. Il parle deux fois de « douze » races là où, évidemment, il eût dû dire onze.

2. Si une gorge proéminente est admirée et choisie par les amateurs, le sternum pourrait se raccourcir en prenant une position plus en avant et plus verticale. Si la réduction du sternum est entièrement due à la désuétude, il semble étrange que Darwin n'ait pas remarqué de semblable raccourcissement chez le canard.

ion se remarque chez le pigeon Grosse-gorge (18 1|2 pour cent) et chez le *Scanderoon* pie (17 1|2 pour cent. Chez le premier, le corps a été grandement allongé par la sélection artificielle, et trois ou quatre vertèbres ont été acquises dans la partie postérieure du corps[1]. Chez le dernier, un long cou augmente la longueur de l'oiseau, et cause ainsi, ou contribue à causer, le raccourcissement relatif du bréchet.

Chez le Messager anglais — qui expérimente les effets de la désuétude, étant trop précieux pour qu'on lui donne la volée — la réduction relative de 11 pour cent est, apparemment, plus qu'expliquée par le « cou allongé ».

Le Dragon, aussi, a le cou long. Chez le Grosse-gorge, bien que le bréchet ait été raccourci de 18 1|2 pour cent relativement à la longueur du corps, il s'est *allongé* de 20 pour cent relativement à la *masse* du corps[2].

Darwin a oublié de se demander s'il ne fallait pas tenir compte d'une fréquente ou même générale élongation du cou et de la partie postérieure du corps, et du raccourcissement relatif ou du rejet

Mais la sélection n'a pas essayé de rendre le canard élégant, ou de lui donner une gorge de pigeon; elle a, au lieu de cela, agrandi le sac abdominal, et ajouté une côte en divers cas.

1. *Variation des Animaux et Plantes*, trad. Barbier, *Ibid.*
2. *Variation des Animaux et Plantes*, trad. Barbier, *Ibid.*

en avant de la portion centrale contenant les côtes (dont souvent il manque une) et le sternum. Le corps entier du pigeon est tellement soumis à l'action de la sélection artificielle que toute précaution doit être prise pour se prémunir contre la possibilité de semblables sources d'erreur [1].

Dans l'état de domestication il y aurait suspension de l'élimination précédente des bréchets réduits par la sélection naturelle (la panmixie de Weismann) et une diminution des parties intéressées dans l'acte du vol pourrait même être favorisée, car une puissance moindre de vol *continu* empêcherait les pigeons de s'égarer trop loin, et les adapterait à la domestication ou à la réclusion. Des causes semblables pourraient réduire les parties moins observées que le vol affecte, tout en laissant pourtant entières les dimensions de l'aile pour une envolée accidentelle, ou pour satisfaire aux exigences des amateurs de pigeons. Un changement pourrait ainsi commencer qui ressemblerait à celui de la quille rudimentaire du sternum chez le hibou-perroquet de

---

1. Dans les six races les plus grandes le raccourcissement du sternum est presque deux fois aussi grand que dans les trois plus petites races qui restent plus rapprochées du biset par leurs dimensions. Nous ne pouvons guère supposer que l'hérédité d'exercice affecte, d'une façon spéciale, les huit races dont la grandeur a le plus varié. Si nous excluons celles-là, il n'y a qu'un raccourcissement total de 7 pour cent à expliquer.

la Nouvelle Zélande, qui a perdu la faculté de voler,
tout en conservant encore des ailes assez développées.

PATTES RACCOURCIES DES PIGEONS.

Darwin pense qu'il est très probable que les pattes
courtes de la plupart des variétés de pigeons peuvent être attribuées à un usage amoindri, bien qu'il
avoue que les effets de corrélation avec le bec raccourci sont plus évidents que les effets de la désuétude.[1] Mais est-il besoin d'aller chercher les effets
héréditaires de l'usage et de la désuétude pour expliquer une réduction moyenne de quelques cinq
pour cent, lorsque les mensurations de Darwin nous
montrent que chez les races favorisées pour les
longs becs le principe de la corrélation entre ces
parties a allongé la patte de 13 pour cent, malgré
la désuétude ?

PATTES RACCOURCIES DES LAPINS.

Dans le cas du lapin domestique, Darwin fait
remarquer que les os des pattes se sont (relative-

1. *Variation des Animaux et Plantes, ibid.*

ment) raccourcis d'un pouce et demi. Mais comme les os n'ont *pas* diminué de poids relatif il faut, évidemment, qu'ils soient devenus plus *épais*, plus denses. Si c'est la désuétude qui les a raccourcis, ainsi que le suppose Darwin, pourquoi les a-t-elle aussi épaissis? Les oreilles et la queue ont été allongées malgré la désuétude. Pourquoi alors les maladroites pattes de derrière ont-elles été raccourcies par la préférence de l'homme indépendamment des effets héréditaires de la désuétude? Il est facile d'arriver à toutes sortes de conclusions erronées si l'on s'appuie sur des exemples favorables en apparence. en négligeant ceux qui ne le sont pas. Nous pourrions, en agissant de la sorte, en venir à être convaincus que les navires naviguent toujours vers le Nord, ou qu'un pendule oscille plus souvent dans une direction que dans l'autre. Il ne faut pas oublier qu'on citerait aisément un nombre énorme de cas qui sont en opposition directe avec la loi supposée de l'hérédité d'exercice.

LES ANIMAUX AVEUGLES DES CAVERNES

Une vue faible et défectueuse n'est nullement rare, comme variation spontanée chez les animaux,

2. *Variation des Animaux et Plantes*, t. II.

« le grand vétérinaire français Huzard allant jusqu'à dire qu'une race aveugle (de chevaux) pourrait être vite créée ». La sélection naturelle développe des races sauvages aveugles toutes les fois que les yeux sont inutiles ou point avantageux, ainsi que cela a lieu chez les parasites. Cela peut se faire, apparemment, indépendamment des effets de la désuétude, car certaines fourmis neutres ont des yeux réduits à un état plus ou moins rudimentaire, et les termites neutres sont à la fois aveugles et aptères. Chez une espèce de fourmi (*Eciton vastator*), les orbites ont disparu tout comme les yeux. Dans les cavernes profondes la sélection naturelle non seulement cesserait de maintenir une bonne vue mais favoriserait d'une façon persistante la cécité — ou la suppression complète de l'œil, là où il serait très exposé, comme chez le crabe des cavernes — et, ainsi que l'a indiqué le Dr. Ray Lankester, [1] il y aurait eu une sélection antérieure d'animaux qui, par suite d'une faiblesse ou d'une sensibilité spontanées de l'œil, ou d'une autre affection de la vue, auraient trouvé un refuge et une protection dans la caverne, et une sélection subséquente de leurs descendants dont l'adaptation à des ténèbres relatives les eut conduits plus au fond de la caverne, ou empêchés de retourner vers la lumière

---

1. *Encyclopædia Britannica*, article *Zoology*.

avec ses divers dangers et sa concurrence rigoureuse. La panmixie, toutefois, ainsi que l'a montré
Weismann, aurait probablement été le facteur le
plus important pour causer la cécité.

HABITUDES HÉRÉDITAIRES.

Darwin a dit : « On dresse un cheval à certaines
allures, et le poulain hérite de mouvemens coor-
donnés similaires »[1]. Mais la sélection de la tendance
constitutionnelle à ces allures et l'imitation de sa
mère par le poulain peuvent avoir été les causes
véritables. Pour être concluante, la preuve devrait
montrer l'exclusion de ces influences. Les hommes
acquièrent une habileté à nager, valser, marcher.
fumer, pour les langues, les professions manuelles.
les croyances religieuses, etc., mais leurs enfants
semblent n'hériter que des capacités innées, ou des
penchants constitutionnels de leurs parents. Le chant
même des oiseaux, y compris leurs notes d'appel,
ne sont pas plus héréditaires que le langage chez
l'homme. (*Descendance de l'Homme.*) Ils l'ont appris de leurs parents. Les petits, dans le nid, qui
acquièrent le chant d'une espèce distincte, « ensei-
gnent et transmettent leur nouvelle chanson à leur

---

1. *Variation des Animaux et Plantes*, t. II.

progéniture ». Si l'hérédité d'exercice n'a pas fixé le chant des oiseaux, pourquoi supposerions-nous que, dans une seule génération, elle a transmis une nouvelle manière de marcher ou de trotter?

On allègue que les chiens héritent de l'intelligence acquise dans leur association avec l'homme, et que les chiens de chasse héritent des effets de leur dressage. [1] Mais la sélection et l'imitation sont si puissantes que l'hypothèse surajoutée de l'hérédité d'exercice semble parfaitement superflue. Là où l'intelligence n'est pas hautement appréciée et soigneusement encouragée par la sélection, l'intelligence dérivant de l'association avec l'homme ne semble pas être héréditaire. Les chiens d'appartement, par exemple, sont souvent d'une stupidité remarquable.

Darwin cite aussi des exemples de l'hérédité de la dextérité à attraper les phoques comme un cas d'hérédité d'exercice [2]. Mais ce cas s'explique surabondamment par la loi ordinaire de l'hérédité. Il suffit que le fils hérite des facultés appropriées dont son père a hérité avant lui.

---

1. *Variation des Animaux et Plantes*, II. Pourquoi, alors, le Guépard hérite-t-il des habitudes ancestrales d'une façon si insuffisante qu'il est inutile à la chasse, à moins d'avoir d'abord appris à chasser pour lui-même avant sa capture ? (II, 140).

2. *Descendance de l'Homme*, chap. II.

DOMESTICATION DES LAPINS

Darwin est d'avis qu'en quelques cas la sélection seule a modifié les instincts et les dispositions d'animaux domestiqués, mais que dans la plupart des cas la sélection et l'hérédité des habitudes acquises se sont réunies pour opérer le changement. « D'autre part, dit-il, l'habitude seule a suffi dans quelques cas ; il n'y a peut-être pas d'animal plus difficile à apprivoiser que le petit du lapin sauvage ; et il n'y a guère d'animal plus doux que le petit du lapin domestiqué ; mais je ne puis que difficilement supposer que les lapins domestiques ont été souvent choisis uniquement pour leur douceur ; ainsi, il nous faut attribuer au moins la plus grande partie du changement héréditaire, de l'extrême apprivoisement, à l'habitude, et à une captivité étroite et longuement continuée [1]. »

Mais il y a des arguments puissants, et à mon sens irrésistibles, en faveur du contraire. Je pense que les considérations suivantes montreront que la plus grande partie de ce changement, si ce n'est la totalité, doit être attribuée à la sélection plutôt qu'à l'hérédité directe d'habitudes acquises.

[1]. *Origine des Espèces*, trad. Barbier. p. 283.

I. Durant une période qui peut comprendre des milliers de générations, il y a eu cessation entière de la sélection naturelle qui conserve la nature sauvage (ou la crainte excessive, la défiance, l'activité, etc.) si indispensable pour préserver les lapins sauvages, sans défense, de tout âge, des nombreux ennemis qui en font leur proie.

II. Durant cette même longue période de temps l'homme a, d'ordinaire, tué les individus les plus sauvages, et élevé les plus apprivoisés et faciles à garder. Jusqu'à un certain point, il l'a fait sciemment. « C'est une promesse d'élevage heureux que de ne conserver que ceux qui sont tranquilles et dociles » dit une autorité en fait de lapins, et cet écrivain recommande aux éleveurs de choisir les lapines les plus belles, et ayant le *meilleur caractère*[1]. L'homme a, dans une mesure encore plus grande, inconsciemment et indirectement favorisé la docilité. Il a choisi systématiquement les animaux les plus gros et les plus prolifiques, et a, ainsi, doublé les dimensions et la fécondité du lapin domestique. En choisissant, volontairement, les individus les plus gros et les plus florissants, et les mères les meilleures et les plus prolifiques, il *doit* avoir, sans le savoir, choisi les lapins dont la *douceur* ou placi-

1. E. S. Delamer, *Pigeons and Rabbits*, p. 132, 103. Pour les autres points cités, voyez p. 133, 102, 103, 95, 131.

dité d'humeur relatives leur rendait possible de prospérer et d'élever de grandes et florissantes familles, au lieu de languir et de dépérir ainsi que le faisaient les captifs plus sauvages. Si nous considérons de quelle extrême délicatesse, et de quelle importance suprême est la fonction, si facile à troubler, de la maternité, chez le lapin constamment en cours d'élevage, nous verrons que les mères les plus douces et les moins faciles à effaroucher devaient être les meilleures, que par suite elles étaient continuellement choisies, bien que l'homme n'attachât pas d'importance à la docilité pour elle-même. Les mères les plus apprivoisées devaient aussi être moins sujettes à négliger ou dévorer leur progéniture ainsi que le font parfois les lapins quand on touche à leurs petits trop tôt, ou même quand des souris les effraient, ou qu'on les dérange en les changeant de milieu.

III. Nous ne devons pas oublier la fécondité extraordinaire du lapin et le degré excessif d'élimination qui se produit, en conséquence, soit naturellement, soit artificiellement. Là où la nature ne conservait que les plus sauvages, l'homme a conservé les plus apprivoisés. S'il y a quelque vérité dans la théorie Darwinienne, ce renversement profond et prolongé du processus de la sélection *doit* avoir eu un effet puissant. Pourquoi cet effet ne suffirait-il pas à expliquer la douceur et la dégénérescence mentale du lapin sans l'aide d'un facteur qu'on peut prouver n'exercer, normalement, qu'une bien plus faible action que la sélection, soit naturelle, soit artificielle ? Pourquoi la docilité du lapin ne saurait-elle être comprise dans le groupe de cas dont Darwin dit que « l'habitude n'y a rien fait » et que la sélection a tout fait ?

IV. Si l'hérédité d'exercice a dompté le lapin, pourquoi les mâles sont-ils encore si méchants et révoltés ? Pourquoi la race angora est-elle la seule où les pères ne montrent pas d'envie de détruire les petits ? Pourquoi, aussi, l'hérédité d'exercice serait-elle tellement plus puissante chez le lapin que chez d'autres animaux bien plus facilement domestiqués d'abord ? Les jeunes lapins sauvages, quand on les apprivoise « restent invinciblement sauvages » et, bien qu'on arrive à les conserver vivants, ils dépérissent et « réussissent rarement ». Donc, l'animal qui *acquiert* le moins de docilité — ou, même apparemment, aucune docilité — serait celui qui en reçoit le plus par hérédité ! Il semble, en fait, hériter de ce qu'il ne peut acquérir — circonstance qui indique la sélection de variations spontanées plutôt que l'hérédité d'habitudes changées. Des variations semblables se produisent quelquefois chez des animaux à un degré remarquable. Dans une portée de louveteaux, tous élevés de la même manière « il y en eut un qui devint apprivoisé et doux comme un chien, tandis que les autres conservèrent leur férocité naturelle ». N'est-il point probable qu'une domestication permanente fut rendue possible par la sélection inévitable de variations spontanées dans cette direction ? L'*excessive* docilité du jeune lapin, aussi, tandisqu'elle peut s'expliquer comme résultat d'une sélection inconsciente, n'est pas facilement expliquée comme résultat d'habitudes acquises. Aucun soin particulier n'a été pris pour dompter, dresser ou domestiquer les lapins. On les élève pour les manger, ou les vendre, ou pour leur robe, et on les laisse livrés à eux-mêmes la plupart du temps. Ainsi que Sir J. Sebright le remarque, non sans étonnement, le lapin domestique « n'est pas souvent visité, il est rarement manié, et pourtant il est toujours apprivoisé ».

MODIFICATIONS ÉVIDEMMENT ATTRIBUABLES A LA SÉLECTION.

On peut expliquer facilement et complètement, comme dépendant de la sélection, d'innombrables modifications d'accord avec le changement d'usage ou de désuétude, tels que les pis grossis des vaches et des chèvres, et les poumons et le foie diminués chez les animaux de grande race qui font peu d'exercice. Les plus aptes aux exigences naturelles ou artificielles étant favorisés, il est facile à la sélection, qu'elle soit naturelle ou artificielle, d'agrandir des organes qui sont de plus en plus exercés, et d'économiser sur ceux qui sont moins demandés. Je ne vois donc aucune nécessité quelconque d'appeler à notre aide l'hérédité d'exercice, ainsi que le fait Darwin, pour expliquer les pis augmentés, ou les poumons réduits, ou les gros bras et les jambes grêles des Indiens canotiers, ou les poitrines élargies des montagnards, ou les yeux amoindris des taupes, ou les tarses perdus de certains coléoptères, ou les ailes réduites de certains canards ou les queues prenantes des singes, ou les yeux déplacés des soles, ou le nombre changé des dents chez le carrelet, ou la fécondité accrue d'animaux domestiqués, ou les pattes et les groins raccourcis des cochons, ou les intestins raccourcis des lapins domestiques, ou les intestins allongés des chats domestiques, etc. [1] Des habitudes changées et le changement anatomique requis seront d'ordinaire favorisés par la sélection naturelle ; car l'habitude,

---

1. *Origines des Espèces, Descendance de l'Homme, et Variation des Animaux et Plantes*, t. II. L'usage ou la désuétude pendant le cours de la vie coopère naturellement, et en quelques cas, comme celui des Indiens canotiers, peut être la cause principale ou même *unique* du changement.

comme dit Darwin « implique presque que l'on en retire quelque avantage, soit grand, soit petit ».

EFFETS SIMILAIRES DE LA SÉLECTION NATURELLE ET DE L'HÉRÉDITÉ DES EFFETS DE L'USAGE ET DE LA DÉSUÉTUDE

Nous nous trouvons, ici, en présence d'une difficulté qui troublera également ceux qui affirment l'hérédité d'exercice et ceux qui la nient. Généralement parlant, les effets d'adaptation attribués à l'hérédité d'exercice coïncident avec ceux de la sélection naturelle. L'adaptabilité individuelle (qui se montre dans l'épaississement de la peau, de la fourrure, du muscle, etc, sous les excitations de la friction, du froid, de l'usage, etc.), est d'un genre et d'une direction identiques à l'adaptabilité de la race sous la sélection naturelle. Par conséquent, il n'est pas facile de distinguer l'hérédité des effets avantageux, que l'on allègue, des effets semblablement avantageux de la sélection naturelle. Le fait incontestable que la sélection naturelle imite ou stimule les effets avantageux attribués à l'hérédité d'exercice peut être la source principale et l'explication d'une croyance d'une fausseté complète. Une imitation pareille se produit aussi dans la domestication, où la sélection naturelle est, en partie, remplacée par la sélection artificielle des animaux les mieux adaptés, et par conséquent les plus florissants, tandis que dans les parties en désuétude la panmixie ou la cessation comparative de la sélection aide ou remplace « l'économie de la croissance » en causant la diminution [1].

INFÉRIORITÉ DES SENS CHEZ LES EUROPÉENS.

« L'infériorité des Européens, en comparaison avec les sauvages, pour la vue et les autres sens » est attribuée aux « effets accumulés et transmis d'un usage diminué pendant beaucoup de générations [2] ». Mais pourquoi ne pouvons-nous l'attribuer à l'action relâchée et détournée de la sélection naturelle qui conserve les sens si aiguisés chez quelques races sauvages ?

LA MYOPIE DES HORLOGERS ET DES GRAVEURS

Darwin observe que les horlogers et les graveurs

1. Pour l'importance de la panmixie comme ôtant toute valeur à la plus forte preuve de Darwin pour l'hérédité d'exercice — savoir, celle qu'il tire des effets de la désuétude chez des animaux domestiques fortement nourris où l'on ne peut supposer une économie de croissance — voir le Professeur Romanes, sur la Panmixie, *Nature*, 3 avril, 1890.

2. *Descendance de l'Homme*, trad. Barbier, p. 32.

sont sujets à avoir la vue basse, et que la vue basse ou longue tendent certainement à être héréditaires [1]. Mais il nous faut prendre garde à ne pas tomber dans une pétition de principes en assurant que l'hérédité fréquente de la myopie comprend l'hérédité d'une myopie produite artificiellement. Toutefois, plus loin, Darwin assure, avec plus de décision qu' « il y a lieu de croire qu'elle peut naître de causes agissant sur l'individu affecté, et dès lors devenir transmissible [2] ». Cette impression peut naître de plusieurs manières. L'hérédité ordinaire — la susceptibilité des ancêtres étant excitée chez le père, et le fils par des habitudes artificielles, semblables, telles que de lire ou de regarder de près les objets comme le font les horlogers et les graveurs — ou par une détérioration constitutionnelle provenant d'une vie trop renfermée, etc., agissant sur une prédisposition constitutionnelle de l'œil à « quelque chose comme l'inflammation des parois sous laquelle elles cèdent » et causent ainsi la myopie en changeant la forme sphérique du globe de l'œil. (2) La panmixie, ou suspension de la sélection naturelle, jointe à un changement d'habitudes, expliquera un accroissement de myopie dans la population en général. (3) Les presbytes ne pourraient pas s'occuper d'horlogerie

1. *Descendance de l'Homme*, p. 31.
2. *Variation des Animaux et Plantes* t. I. chap. XII.

on de gravure aussi commodément et avantageuse-
ment qu'à d'autres occupations, et par suite n'adop-
teraient probablement pas ces professions.

MAINS PLUS GRANDES DES ENFANTS D'ARTISANS [1]

Elles s'expliquent surtout comme résultat de la
sélection naturelle et de la diminution de la main,
par sélection sexuelle, chez l'aristocratie. Si les
mains plus grandes des fils d'artisans sont réellement dues aux effets héréditaires de l'exercice des
ancêtres, pourquoi le développement a-t-il lieu si
tôt dans la vie, au lieu de se produire seulement à
une période correspondante, ainsi que le veut la
règle? Pendant ses premières années, du moins,
l'enfant de l'artisan ne travaille pas plus que celui
du gentilhomme. Pourquoi les effets de cette désuétude ne sont-ils pas hérités par l'enfant du premier? Si l'accroissement de la main de l'enfant
démontre le transfert d'un caractère acquis à une
période plus avancée de la vie, il est évident que ce
transfert doit se produire malgré les effets héréditaires de la désuétude.

1. *Descendance*, traduction E. Barbier, p. 31.

L'ÉPAISSISSEMENT DE LA PLANTE DU PIED CHEZ LES PETITS ENFANTS

Darwin attribue aussi l'épaississement de la plante du pied, chez les petits enfants, « longtemps avant leur naissance », aux « effets héréditaires de la pression durant une longue série de générations »[1]. Mais la désuétude aurait dû rendre *mince* la plante du pied de l'enfant, et c'est cette minceur qui devrait être héréditaire. Si nous supposons l'hérédité de l'épaississement de la plante du pied transférée à une période moins avancée, nous rencontrons une anomalie, les effets héréditaires de la désuétude à cette période moins avancée étant submergés par l'intempestive hérédité des effets de l'usage à une autre. D'autre part, il est clair que la sélection naturelle favoriserait des plantes de pied épaissies pour la marche, et pourrait aussi en encourager le développement précoce qui garantirait qu'elles fussent prêtes à temps pour leur service réel; car des variations dans la direction du retard seraient supprimées tandis que celles dans l'autre sens seraient conservées. Quoi qu'il en soit, le simple transfert d'un caractère à une période plus reculée n'est pas

1. *Descendance.* trad. Barbier, p. 31.

une preuve d'hérédité d'exercice. La vraie question qui se pose est de savoir si la plante des pieds s'est épaissie par la sélection naturelle, ou par les effets héréditaires de la pression, et le simple transfert, ou l'apparition précoce de l'épaississement ne résout aucunement cette question. Il ne fait qu'exclure l'effet de la désuétude durant la vie, et présente ainsi une apparence trompeuse en semblant décisive. Cependant, l'épaississement de la plante du pied de l'enfant à naître, comme le duvet ou couverture pileuse, est probablement un résultat de l'hérédité directe de phases d'évolution ancestrale, dont l'embryon présente un abrégé condensé. Tandis que la minceur relative de la plante du pied du petit enfant pourrait être indiquée comme effet de la *désuétude* pendant une longue série de générations, son épaisseur est plutôt une preuve de la résistance de l'atavisme aux effets d'une désuétude longuement continuée. Rien ne prouve que la portion héritable de l'épaississement primitif complet n'a pas été gagnée par la sélection naturelle plutôt que par l'effet, directement hérité, de l'usage ; ce dernier étant cumulatif et agissant sans discernement, eût apparemment fait la plante des pieds beaucoup plus épaisse et plus dure qu'elle n'est. Si la sélection naturelle n'était souveraine en de tels cas, comment pourrions-nous expliquer les mêmes effets de pression ayant, d'une part, dans certains cas pour résultat de durs sabots, et de l'autre, seulement de tendres bourrelets?

UNE SOURCE DE CONFUSION MENTALE

Il va sans dire qu'en un certain sens cet épaississement de la plante des pieds résulte de l'usage. Dans un sens ou dans l'autre, la plupart des résultats de la sélection — ou presque tous — sont des effets héréditaires de l'usage et de la désuétude. La sélection naturelle conserve ce qui est utile et ce qui est employé, tandis qu'elle élimine ce qui est inutile et reste sans emploi. Les assertions les plus présomptueuses des effets de l'usage et de la désuétude pour modifier le type héritable semblent reposer sur cette base imprescriptible. Les assertions de Darwin concernant les effets de l'usage et de la désuétude dans l'évolution peuvent fréquemment s'interpréter en deux sens. Elles imposent, souvent, l'assentiment comme des vérités incontestables en elles-mêmes, mais sont, naturellement, écrites dans un autre sens plus discutable. Ainsi dans le cas des ailes raccourcies et des pattes épaissies du canard domestique, je crois avec Darwin et Spencer que « personne ne niera qu'elles ne soient le résultat de l'usage diminué des ailes et de l'usage accru des pattes ». « L'usage » est, au fond, la circonstance déterminante de l'évolution en général. La trompe de l'éléphant, la nageoire du poisson, l'aile de l'oiseau, la main adroite, et le cerveau compliqué de l'homme — bref, tous les organes, et les facultés quelconques — ne peuvent avoir été moulés et développés que par l'usage — par l'utilité et l'emploi — mais pas nécessairement par l'hérédité d'exercice, pas nécessairement par des effets directement héréditaires d'usage ou de désuétude des parties chez l'individu. De même, aussi, des organes réduits ou rudimentaires sont dûs à la désuétude, mais il ne s'ensuit aucunement que la diminution soit causée par une tendance directe à l'hérédité des effets de la désuétude dans l'individu. Les effets de la sélection naturelle sont communément traduisibles comme effets de l'usage et de la désuétude, tout comme l'adaptation dans la nature est traduisible dans la langue téléologique. Mais l'hérédité d'exercice n'est pas plus prouvée par une de ces coïncidences nécessaires qu'un dessein spécial ne l'est par l'autre. L'inévitable imitation de l'hérédité d'exercice peut être absolument trompeuse.

Darwin est d'avis qu' « il paraît certain que l'usage, chez nos animaux domestiques, a fortifié et agrandi certaines parties, et que la désuétude les a diminuées; et que de telles modifications sont héréditaires ». Nul doute que « de telles » modifications ou d'autres *semblables* aient souvent été héritées, mais comment Darwin peut-il dire avec certitude qu'elles ne sont pas dues à la stimulation de l'hérédité d'exercice par la sélection naturelle ou artificielle s'exerçant sur la variabilité générale ? « Il ne peut y avoir de doute » au sujet de l'impossibilité d'éviter la sélection et ses tendances généralement adaptives, et la panmixie tendrait à réduire les parties tombées en désuétude ; de sorte qu'il *doit toujours* rester de graves doutes au sujet de l'hérédité alléguée des effets semblables de l'usage et de la désuétude, à moins que nous ne puissions accomplir le tour de force d'exclure à la fois les sélections naturelle et artificielle comme causes de grossissement, et la panmixie et la sélection comme causes de dépérissement.

FAIBLESSE DE L'HÉRÉDITÉ DES EFFETS DE L'EXERCICE

L'hérédité d'exercice est, normalement, si faible qu'elle semble tout à fait hors d'état de s'opposer à tout autre facteur d'évolution. La sélection naturelle développe et maintient les instincts des fourmis et des termites en opposition à l'hérédité d'exercice à un degré bien plus étonnant qu'elle ne développe les instincts de presque tout autre animal avec l'aide complète de l'hérédité d'exercice. Elle développe des cornes rarement utilisées, ou une armure naturelle tout aussi volontiers que des sabots ou des dents en constante réquisition. La sélection sexuelle développe des parties compliquées telles que la queue du paon malgré la désuétude et la sélection naturelle réunies. La sélection artificielle semble agrandir ou diminuer des parties en usage ou en désuétude avec une égale facilité. Le secours de l'hérédité d'exercice semble aussi inutile que son opposition est inefficace.

L'hérédité, alléguée, des effets de l'usage et de la désuétude chez nos animaux domestiques doit être très lente et légère [1].

1. Wallace montre que les changements chez nos animaux domestiques, s'ils sont répartis entre les milliers d'années depuis lesquels ces animaux ont été apprivoisés, doivent avoir été extrêmement insignifiants dans chaque génération, et il en conclut que des effets si infinitésimaux d'usage et de désuétude seraient englobés par les plus grands effets de la variation et de la sélection (*Le Darwinisme*). Le Professeur Romanes lui a répondu dans la *Contemporary Review* (août 1889) en montrant que cela ne prouve rien contre l'existence du facteur secondaire, d'autant que de légers changements à chaque génération ne sont pas nécessairement des questions de vie ou de mort pour l'individu, bien que leur développement cumulatif par l'hérédité d'exercice pût, à l'occasion, devenir très utile. La plus légère tendance à éliminer

Darwin dit qu'il « n'y a pas de bonne preuve que cette hérédité se produise dans le cours d'une seule génération ». « Plusieurs générations doivent être soumises à un changement d'habitudes pour qu'il se produise un résultat appréciable quelconque ». Que signifie ceci ? Une de ces deux choses : ou la tendance est très faible, ou elle n'existe pas du tout. Si elle est tellement faible que nous ne pouvons découvrir ses effets allégués que lorsque plusieurs générations se sont écoulées, pendant lequel temps l'action plus puissante de la sélection a été à l'œuvre, comment arriverons-nous à distinguer les effets du facteur secondaire de ceux du principal ? Devons-nous conclure que l'hérédité d'exercice,

les variations extrêmes en chaque direction modifierait proportionnellement la moyenne dans une race. L'hérédité d'exercice paraît être un facteur relativement si faible que, probablement, on ne pourra jamais donner de preuves, ni pour, ni contre son existence, grâce à l'impossibilité pratique de débrouiller ses effets (si elle en a) des effets de facteurs dont on admet la puissance bien supérieure, lesquels agissent souvent de manières qu'on ne soupçonne pas Ainsi les canetons sauvages, qui s'élèvent facilement entre eux, « périssent » invariablement lorsqu'ils sont élevés avec des canards domestiques (*Variation des Animaux et Plantes*, trad. Barbier, t. I. 304, II. 230). Ils ne peuvent obtenir leur juste part de nourriture et sont complètement éliminés. M. J. G. Romanes reconnaît pleinement que « le doute le plus grave » plane sur la transmission des effets de la désuétude. (Lettre sur la Panmixie, *Nature*, 13 mars, 1890.)

1. *Variation des Animaux et Plantes*. trad. Barbier. t. I. 287 à 289.

plus la sélection, modifie les races, tout comme Voltaire tenait pour certain que des incantations, jointes à de l'arsenic en quantité suffisante, détruiraient des troupeaux de moutons? N'est-ce point un fait significatif que les exemples prétendus d'hérédité d'exercice se trouvent contradictoires dans leur détails?

Pour obtenir une preuve satisfaisante de la prédominance d'une loi d'hérédité d'exercice, il nous faut des exemples normaux où la sélection soit clairement inadéquate à produire le changement, ou bien où le temps, l'occasion, lui permettent à peine de s'exercer, comme par exemple, dans la progéniture immédiate de l'individu modifié. Il y a grande disette de la première sorte de cas. Selon Darwin, il n'en existe pas de la seconde sorte — circonstance qui contraste d'une façon étrange et suspecte avec les cas décisifs, si nombreux, dans lesquels la variation par des causes inconnues a été héritée, d'une manière très frappante, par les descendants immédiats. Il faut, en réalité, s'attendre à ce que, parmi ces innombrables cas quelques-uns imiteront, accidentellement, les effets supposés de l'hérédité d'exercice.

Si Darwin eût été assuré que les effets marqués de l'usage ou de la désuétude tendaient, dans un degré appréciable quelconque, à être transférés directement et par accumulation aux générations qui succédaient, il eût à peine encouragé les bonnes habitudes d'une manière aussi prudente, aussi peu enthousiaste que dans la phrase suivante : — « Il n'est pas invraisemblable que, après une longue pratique, les tendances vertueuses puissent devenir héréditaires. » « Les habitudes, surtout lorsqu'elles persistent pendant plusieurs générations tendent, probablement, à devenir héréditaires. » Ceci est probable, indépendamment de l'hérédité d'exercice. Les « nombreuses générations », spécifiées ou impliquées, donnent le temps aux influences sélectives tout comme aux influences de l'éducation accumulées, d'entrer en jeu. Il doit y avoir, apparemment, une prédisposition constitutionnelle ou héréditaire, ou une aptitude pour les habitudes en question, qui, sans cela, n'auraient pu se continuer à travers beaucoup de générations, excepté par les branches d'une famille, qui variaient d'une façon favorable : ce qui est encore de la sélection plutôt que de l'hérédité d'exercice.

Qu'est-il besoin de garder même les restes de la doctrine Lamarckienne de l'habitude héréditaire ? Etant donnée la puissance du principe général de la sélection qui s'est montrée en des cas où l'hérédité d'exercice ne pouvait avoir été d'aucun secours, ou pouvait même avoir opposé sa résistance la plus énergique, pourquoi ce principe ne serait-il pas également capable de développer des organes employés, ou de réprimer des organes ou facultés en désuétude, sans l'aide d'un allié relativement faible? La sélection **a produit** les enveloppes protectrices remarquables du tatou, de la tortue, du crocodile, du porc-épic, du hérisson, etc. ; elle a formé, à la fois, la rose et son épine, la noix et sa coque ; elle a développé la queue du paon et les andouillers du cerf, le mimétisme protecteur de divers insectes et papillons, et les merveilleux instincts des fourmis blanches ; elle a donné au serpent son venin mortel, et à la violette son parfum suave ; elle a peint le splendide plumage du faisan et les couleurs et ornements admirables d'innombrables oiseaux, insectes et fleurs. Ces exploits, et mille autres, elle· les a, évidemment, accomplis sans l'aide de l'hérédité d'exercice. Pourquoi la jugerait-on impuissante à réduire l'aile d'un pigeon ou à grossir la patte d'un canard? Pourquoi alors porter au crédit d'un allié officieux l'accomplissement de changements relativement légers, lorsque, sans aucune aide, elle a effectué de grandes et de frappantes modifications?

LÉSIONS HÉRÉDITAIRES

MUTILATIONS HÉRÉDITAIRES

La *non-hérédité* presque universelle des mutilations me semble un argument bien plus valide *contre* une loi générale de modification héréditaire que les quelques cas douteux, ou anormaux qu'on peut invoquer en faveur de ce genre d'hérédité. Aucun effet héréditaire n'a été produit par l'écourtage des queues des chevaux au cours de nombreuses générations, ni par une mutilation bien connue que la race hébraïque pratique de temps immémorial. Les parties perdues ou mutilées se reproduisent chez la progéniture indépendamment de l'existence de ces parties chez les parents, il y a d'autant moins de raisons de supposer que l'état particulier des parties des parents se transmet, ou tend à se transmettre à la progéniture. L'argument tiré des mutilations héréditaires est si peu satisfaisant que M. Spencer ne fait aucun · mention de ces mutilations, et que

Darwin est obligé de les attribuer à une cause spéciale, indépendante de la théorie générale de l'hérédité d'exercice [1].

Le cas le plus remarquable, parmi ceux de Darwin — à mon avis le seul cas qui ait quelque importance, — est celui des cochons d'Inde épileptiques de Brown-Séquard, lesquels avaient hérité de l'état de mutilation de leurs parents, ceux-ci ayant rongé leurs propres orteils attaqués de gangrène, et anesthésiés à la suite de la division du nerf sciatique [2]. Darwin fait aussi mention d'une vache qui, ayant perdu une de ses cornes par accident, ce qui

1. Un anatomiste très capable de ma connaissance nie l'hérédité des mutilations et des lésions, bien qu'il croie, fermement, à l'hérédité des effets de l'usage et de la désuétude.

2. *Variation des Animaux et d s Plantes*, trad. Barbier. 1, 486. La perte des orteils ne fut remarquée par le docteur Dupuy que chez trois petits sur deux cents. Obersteiner trouva la plupart des rejetons de ses cochons d'Inde épileptiques affectés d'une manière nuisible, étant faibles, petits, paralysés d'un ou plusieurs membres, etc. Il n'y en avait que deux d'épileptiques, ces deux étaient faibles et moururent de bonne heure. (*Sélection et Hérédité* de Weismann : voir le mémoire sur la *Reproduction Sexuelle*, appendice IV). Un état morbide de la moelle épinière pourrait affecter les membres postérieurs d'une manière spéciale (comme dans la paraplégie) et pourrait accidentellement causer la perte des orteils chez l'embryon, en empêchant leur développement ou en produisant une ulcération. Brown-Séquard ne dit pas si les pieds défectueux étaient du même côté que chez les parents. (*Lancet*, janvier 1875, pages 7,8.)

amena le suppuration, produisit, subséquemment, trois veaux qui avaient, du même côté de la tête, au lieu de corne, une masse osseuse tenant seulement à la peau. Des cas pareils peuvent sembler une preuve que la mutilation, *associée à une action morbide*, est, à l'occasion, héréditaire, ou répétée d'une façon prompte et radicale en contraste frappant avec la nature imperceptible de l'hérédité immédiate des effets de l'usage et de la désuétude ; mais ils ne prouvent aucunement que la mutilation, en général, soit héréditaire, et ne sont absolument pas une preuve quelconque d'une tendance *normale* et non pathologique vers l'hérédité des caractères acquis. Ceux qui acceptent l'explication spéciale de l'hérédité supposée, de Darwin, devraient prendre note du fait que son explication s'applique également bien à une théorie, fortement opposée à celle de l'hérédité d'exercice, savoir, l'idée émise par Galton de la stérilisation et de la complète « consommation » de la matière, autrement reproductrice, dans la croissance et l'entretien de la structure personnelle.

L'explication que donne Darwin des mutilations héréditaires — lesquelles, ainsi qu'il le remarque, se produisent « spécialement ou peut-être exclusivement » quand la lésion a été suivie de maladie [1] — est

---

[1] *Variation des Animaux et des Plantes*, trad. Barbier, chap. XIV.

que toutes les gemmules représentatives qui développeraient, ou répareraient, ou reproduiraient la partie lésée sont attirées à la partie malade pendant le processus réparateur et y sont détruites par l'action morbide [1]. D'où il suit qu'elles ne peuvent reproduire cette partie dans la progéniture.

Cette explication n'implique aucunement que la mutilation affecterait, *habituellement*, la progéniture. Au contraire, dans tous les cas ordinaires de mutilation, les éléments purement ataviques ou gemmules seraient affranchis de toute influence modificatrice de la partie non-existante ou mutilée. Les gemmules — comme dans la théorie de l'hérédité de Galton, et chez les insectes neutres — pourraient être parfaitement indépendantes de la pangénèse, et de l'hérédité normale des caractères acquis. Des gemmules se multipliant elles-mêmes ainsi, sans pangénèse, nous permettraient de comprendre, à la fois, la faiblesse excessive ou la non-existence, de l'hérédité d'exercice normale, et la force et la brutalité excessives de l'effet de leur destruction partielle sous des conditions pathologiques spéciales.

1. *Variation*, trad. Barbier, chap. XXVII. Il serait peut-être plus correct de supposer que les *meilleures* gemmules sont sacrifiées dans la réparation du *nerf* qui est lésé, d'où il suit qu'il ne reste que des remplaçantes inférieures pour prendre leur place, remplaçantes qui ne peuvent qu'imparfaitement reproduire la partie lésée du système nerveux chez la progéniture.

La série des phénomènes épileptiques qu'on peut exciter en chatouillant une certaine partie de la bajoue et du cou d'un cochon d'Inde adulte, pendant que les extrémités du nerf tranché poussent et se rejoignent est, dit-on, répétée avec une exactitude frappante de détails chez les jeunes qui héritent d'orteils mutilés ; mais comme l'épilepsie est souvent due à *une* cause excitante ou à un état nerveux, la pure transmission d'un état extrêmement morbide du système pourrait aisément reproduire toute la chaîne des conséquences, et pourrait aussi avoir causé la perte des orteils.

Les détails des cas de cochons d'Inde sont rapportés d'une manière très insuffisante [1], mais les résultats en présentent tant d'anomalies [2] que la con-

---

1. D'où résulte peut-être l'erreur de M. Spencer quand il représente la disposition à l'épilepsie comme permanente et survenant *après* la guérison. — *Factors of Organic Evolution*, p. 27.

2. On ne dit pas que le pied imparfait fût du même côté du corps que chez le père, et là où les parents avaient perdu tous les orteils d'un pied, ou le pied entier, les quelques rejetons affectés n'avaient perdu qu'un orteil sur trois, ou partie d'un ou deux ou trois orteils. Quelquefois le rejeton avait des orteils de moins *aux deux pieds* de derrière bien que le parent ne fut malade que d'*un* pied. La maladie d'*un* seul œil ou oreille chez le parent était suivie « généralement » ou « toujours » de la même maladie de *deux* yeux ou oreilles chez le rejeton. (voy. *Pop. Science Monthly*, New-York, XI, 331.) La loi importante de l'hérédité aux périodes correspondantes était aussi écartée. La gan-

clusion de Brown-Séquard lui-même est que l'épilepsie et les lésions héréditaires ne sont *pas* directement transmises, mais que, « ce qui est transmis est l'état morbide du système nerveux ». Il croit « possible » que le défaut d'orteils soit une exception à cette conclusion, « mais les autres faits impliquent seulement la transmission d'un état morbide du nerf sympathique ou sciatique, ou d'une partie de la moelle allongée ». Tant que nous ne savons pas ce qui est transmis, nous ne sommes pas en position de déterminer s'il y a une hérédité véritable, ou seulement une stimulation exagérée de l'hérédité dans des circonstances particulières. Quand les observateurs même croient que les mutilations et l'épilepsie ne sont pas la cause de leur propre répétition, et quand ces observateurs

grène ou l'inflammation commençait chez les deux oreilles et les deux yeux peu après la naissance (indiquant peut-être une sorte d'infection) la période épileptique commençait • peut-être deux mois ou plus après la naissance • tandis que la perte des orteils se présentait avant la naissance.

En aucun cas, ainsi que l'indique Weismann, la mutilation originelle du système nerveux ne s'est transmise Même là où un ganglion extirpé ne s'est jamais régénéré chez le parent, le rejeton regagna cette partie en état apparemment parfait. Somme toute, les résultats contradictoires doivent autant embarrasser ceux qui les attribuent à une tendance universelle à hériter de l'état exact des parents tels qu'ils sont, que ceux qui, comme moi, sont sceptiques quant à l'existence d'une loi ou d'une tendance semblable.

se gardent par des phrases telles que « si quelque conclusion peut, actuellement, être tirée de ces faits » nous, qui n'avons que des rapports incomplets pour nous guider, nous serons bien excusables de conserver une attitude encore plus prononcée de prudence et de réserve[1]. L'état morbide du système peut être dû à quelque lésion générale des germes plutôt qu'à l'hérédité spécifique. Weismann pense que l'état morbide du système nerveux peut reconnaître pour cause quelque infection telle qu'en produisent les microbes, lesquels s'établiraient dans le système nerveux mutilé et troublé des parents, et par suite se transmetteraient à leur postérité par les éléments reproducteurs, ainsi que l'infection des diverses maladies semble le faire — la muscardine du ver à soie en particulier étant ainsi communiquée à sa progéniture.

Mais, que nous puissions ou non en découvrir la véritable explication, les mutilations héréditaires peuvent à peine être interprétées comme résultats

---

[1] Les divers résultats veulent être constatés pleinement, avec impartialité, et on devrait d'autant plus les contrôler confirmer, qu'ils paraissent invraisemblables et contraires l'expérience générale.

Le professeur Romanes exécute, depuis quelque temps, les expériences nécessaires.

d'une tendance générale à hériter des modifications acquises. Comment un facteur qui semble entièrement sans action dans les cas de mutilation ordinaire, et n'agissant que d'une manière infinitésimale en transmettant les effets normaux de l'usage et de la désuétude, devient-il subitement assez puissant pour renverser complètement l'atavisme, et sa propre tendance à transmettre le type non mutilé d'un des parents et le type non mutilé que présentait l'autre parent dans la période de vie précédant sa mutilation ? Est-ce que l'exagération si abrupte et si frappante de sa puissance habituellement insignifiante ne réclame pas une explication bien différente de celle qui pourrait rendre compte de l'hérédité lente et très légère des effets normaux de l'usage et de la désuétude ? Il vaudrait, sûrement, mieux suspendre son jugement quant à l'explication vraie de cas très exceptionnels et purement pathologiques, que de recourir à une hypothèse qui crée plus de difficultés qu'elle n'en peut résoudre.

LA QUEUE DU MOMOT.

Le rétrécissement des longues plumes centrales de la queue du Momot est attribué aux effets héréditaires d'une mutilation habituelle. (*Descendance de l'homme*, trad. Barbier, p. 421.) Mais, dans les exemplaires de South Kensington [1] le rétrécissement s'étend au-dessus, bien au-delà de la partie habituellement mise à nu, et l'extrémité élargie est la partie la plus large de toute la plume. Si l'effet héréditaire d'un pouce ou deux de dénudation s'étend à de trois à six pouces au-dessus, pourquoi ne s'est-il pas aussi étendu à deux pouces au-dessous de façon à rétrécir l'extrémité élargie ?

Le rétrécissement semble être surtout un effet relatif ou négatif produit par l'élargissement d'une longue plume se terminant en pointe, sous l'influence de la sélection sexuelle. Plusieurs autres oiseaux ont, semblablement, des plumes rétrécies ou en forme de cuiller, et ne les mordent pas. N'est-il pas plus facile de supposer que cette particularité attrayante a suggéré d'abord son exagération artificielle que de supposer que l'oiseau a commencé par mordiller ses plumes sans une cause définie ? La sélection sexuelle, survenant, encouragerait l'habitude. De toutes façons, il est aussi impossible de démontrer que la mutilation a précédé le rétrécissement qu'il l'est de démontrer que la tonsure a précédé la calvitie.

----

1. Musée d'Histoire Naturelle, salle centrale, troisième compartiment à gauche.

AUTRES LÉSIONS HÉRÉDITAIRES CITÉES PAR DARWIN

Darwin cite plusieurs cas de la « longue » mais faible et peu satisfaisante « liste de lésions héréditaires » du docteur Prosper Lucas [1]. Mais Lucas était quelque peu crédule. Un de ces cas est qu'à Londres, beaucoup de filles naissent dépourvues de gorge à cause des effets malfaisants de certains corsets sur leurs mères. Il raconte aussi, longuement, l'histoire d'un juif qui pouvait lire à travers l'épaisse reliure d'un livre, et dont le fils avait hérité de cette « hyperesthésie » du sens de la vue à un degré encore plus remarquable. (I, p. 113 à 119.) Il est évident que les cas de Lucas ne sauraient être acceptés sans beaucoup de réserve.

Les exemples de trois veaux héritant de l'unique corne de la vache, de deux fils héritant du doigt crochu du père, et des deux fils microphtalmes du côté dont leur père était borgne, peuvent être attribués à une simple coïncidence : ou bien une tendance ou disposition constitutionnelle hérédi-

---

1. *Traité de l'Hérédité*, II, 489. *Variation des Animaux et des Plantes*, I, 484. Si les lésions sont héréditaires, comment la rupture répétée de l'hymen n'a-t-elle produit aucun effet héréditaire ?

laire a pu amener des résultats quelque peu semblables chez le parent et la progéniture[1] — précisément comme la tendance à certaines maladies fatales ou au suicide peut produire des résultats pareils chez le père et le fils, bien que la pendaison produite artificiellement, et l'apoplexie, ne puissent être directement transmises. Le fait qu'il y a plus d'un rejeton affecté ne rend pas les chances contre la coïncidence « presque infiniment grandes », ainsi que Darwin le suppose à tort. Il « arrive souvent » que les fils et les filles d'un homme présentent *tous* une particularité congénitale soit latente soit nouvellement développée qui était précédemment inconnue;[2] et la coïncidence peut consister simplement, en ce que l'un des parents a subi, accidentellement, une lésion semblable, — genre de coïncidence qui doit naturellement, se présenter quelquefois, et qui peut avoir été, en partie, causée par une tendance secrète. Les chances contre la coïncidence sont, en réalité, grandes, mais les cas en sont rares, d'une manière correspondante.

1. Comparer les trois cas de doigts crochus donnés dans *Variation des Animaux et des Plantes*, II, 58, et 253.

2. *Ibidem*, I, chap. XII. Ainsi dans le cas des deux frères épousant les deux sœurs, les sept enfants furent tous parfaitement albinos, bien qu'aucun des parents, ou des membres de la famille ne fût albinos. Dans un autre cas, les neuf enfants de deux parents sains naquirent tous aveugles. (II, 340.)

Darwin reconnaît que beaucoup d'exemples supposés de mutilation héréditaire peuvent être dus à la coïncidence ; et il n'y a apparemment, pas plus de raison pour attribuer les cicatrices héréditaires, etc., à une forme spéciale d'hérédité qu'à l'effet de l'imagination de la mère sur l'enfant encore à naître — croyance populaire mais erronée à l'appui de laquelle on pourrait apporter bien plus d'exemples qu'à celui de l'hérédité des lésions.

Comme exemple des coïncidences qui se présentent, je puis citer le cas d'un de mes amis dont la fille est née avec un petit trou à une oreille, comme s'il eut été préparé pour la boucle d'oreille qu'elle y a portée depuis. Je suppose, pourtant, que personne ne se hasardera à faire de ce fait un exemple d'hérédité d'une mutilation pratiquée par les aïeules, particulièrement parce que ces trous ne sont ni inconnus ni entièrement inexplicables, bien qu'ils se présentent rarement aussi bas que le lobe de l'oreille [1].

On connaît beaucoup de cas de l'hérédité des mutilations ou difformités qui naissent, congénitalement de quelque variation abrupte des éléments reproducteurs. Dans des cas tels que ceux des lapins

---

1. Voir *Evolution et Malzdie.* de J. Bland Sutton, (*Bibliothèque Evolutioniste*) à qui je dois, ainsi qu'à notre ami commun le Dr D. Thurston, des renseignements sur divers points.

à une oreille, des cochons à deux pattes, des chiens à trois pattes, des cerfs à un andouiller, des taureaux sans cornes, des lapins sans oreilles, des lapins oreillards, des chiens sans queue, etc., si le père, la mère, ou l'embryon avaient souffert de quelque accident ou maladie qu'on pourrait, plausiblement, invoquer comme cause de la difformité originelle, ces défauts transmis seraient volontiers cités comme exemples de l'hérédité d'une modification accidentellement produite.

L'hérédité d'exostoses sur les jambes des chevaux peut être l'hérédité d'une tendance constitutionnelle plutôt que l'effet de voyages trop pénibles des parents. Les chevaux disposés congénitalement à de telles formations transmettraient cette disposition[1], et l'on pourrait aisément s'y tromper, et croire à l'hérédité des résultats de cette disposition. Une augmentation apparente de la disposition pourrait naître de l'attention plus grande qui s'y portait ou de l'emploi croissant de routes plus dures ; ou une augmentation réelle pourrait être dûe à la panmixie et à quelques formes obscures de corrélation.

1. *Variation des Animaux et des Plantes*, II, chap. XXIV, et I, p. 470.

PSEUDO-HÉRÉDITÉ

Une mauvaise santé causée artificiellement, ou la faiblesse, chez les parents, tendra, naturellement, d'une manière générale à nuire à la progéniture. Mais la détérioration ainsi causée n'est qu'une forme de pseudo-hérédité, si je puis ainsi l'appeler. Si une mère affamée donne le jour à un enfant chétif, ce n'est *pas* là une véritable hérédité, mais le résultat direct d'une nourriture insuffisante.

La prospérité générale des germes — comme celle des parasites — est nécessairement liée à celle de l'organisme qui les nourrit et les abrite, mais ceci n'est pas de l'hérédité et ne se rapporte nullement à la question de savoir si les modifications particulières sont ou non transmises.

On remarque une autre forme de pseudo-hérédité dans la communication de certaines maladies infectieuses à la progéniture. N'étant pas tant transmises par l'action de l'organisme qu'en opposition avec cette dernière, de telles maladies ne sont pas réellement héréditaires, bien que, pour plus de commodité, on les classe comme telles.

On voit aussi une perversion de, ou un empêchement à, la véritable hérédité, dans l'action de l'alcool, ou d'un surmenage excessif, ou de toute autre cause qui en instituant des états morbides chez les individus peut aussi causer des lésions aux éléments reproducteurs.

Ces formes de pseudo-hérédité ont, naturellement, une très grande importance en tant qu'elles touchent à l'amélioration de la race. Important aussi est le fait que des habitudes et des pensées, améliorées ou détériorées, sont transmises par l'enseignement et par l'influence personnelle, et qu'elles s'accumulent dans leur effet. Mais tout ceci ne doit pas être confondu avec l'hérédité des caractères acquis. Les cas de pseudo-hérédité peuvent peut-être se distinguer des cas de véritable hérédité par le critérium du temps. Quand une modification acquise à l'âge adulte se communique promptement à l'enfant au début de la vie, ou de sa naissance, on a le droit de soupçonner que l'hérédité, tout comme celle de l'argent ou du titre, n'est pas congénitale mais est extrinsèque, et même d'une nature anticongénitale, si l'on peut aussi s'exprimer. Jugées par cette règle, les lésions héréditaires des cochons d'Inde de Brown-Séquard ne sont que des cas exceptionnels de pseudo-hérédité, et n'indiquent pas nécessairement une loi générale affectant la véritable hérédité.

CONSIDÉRATIONS DIVERSES

Il est difficile de s'affranchir entièrement de l'idée flatteuse et presque universelle que les parents sont les vrais types ou créateurs de copies d'eux-mêmes. La vérité dominante, si ce n'est toute la vérité, c'est qu'ils ne font que transmettre les types dont eux et leur progéniture sont également des résultantes plus ou moins similaires. Un parent est un dépositaire. Il transmet, non lui-même et ses propres modifications, mais la race, le type, les éléments représentatifs, dont il est, à la fois, le produit et le gardien. Il semble probable qu'il n'a pas plus d'influence sur les éléments reproducteurs qu'il renferme que n'en a une mère sur l'embryon, ou un navire sur son chargement. Le père et l'enfant sont comme des éditions successives de livres imprimés avec les mêmes « caractères ». Une lettre usée dans le « caractère » se retrouve également dans les pro-

6.

mières et dans les dernières éditions, mais une faute, ou une coquille dans la première édition, n'est pas nécessairement répétée dans toutes celles qui suivent. A l'encontre des caractères d'imprimerie, toutefois, la source matérielle de l'hérédité est sujette, par sa nature, à des fluctuations consistant dans la lutte entre les éléments reçus des deux parents et d'innombrables ancêtres.

Galton compare le père et l'enfant à des pendants à anneaux qui se succèdent sur la même chaîne. Weismann les assimile à des rejetons successifs émis par une longue racine ou tige poussant profondément sous terre. De semblables comparaisons indiquent l'invraisemblance de la transmission par les parents des modifications acquises à leur postérité.

Il est évident que, chez la progéniture, il se développe des parties indépendamment de ces mêmes parties chez les parents. Les parents mutilés transmettent ce qu'ils ne possèdent pas. Les rejetons de jeunes parents ne peuvent hériter des phases tardives de la vie de parents qui ne les ont pas encore traversées. Des cas de réversion ou atavisme nous prouvent que des particularités des ancêtres peuvent se transmettre, à l'état latent ou non développé, à travers des centaines et des milliers de générations. Beaucoup de faits évidents forcèrent Darwin à supposer qu'un grand nombre des gemmules reproductrices dans un individu ne sont pas émises par ses propres cellules, mais sont la progéniture, se multipliant elle-même, de gemmules ancestrales. Galton limite la production de gemmules par l'organisme individuel à quelques cas exceptionnels, et il aimerait, évidemment, se passer entièrement de la pangénèse s'il pouvait seulement être sûr que les caractères acquis ne sont jamais héréditaires. Weismann rejette la pangénèse et l'hérédité des caractères acquis, ce qui lui permet d'interpréter l'hérédité par sa théorie de la « Continuité du Plasma Germinatif » [1]. Le parent et l'enfant sont tous deux des produits ou rejetons de cette substance germinale persistante, qui évidemment ne pourrait être affectée par des modifications des parties chez les parents, et rendrait, de la sorte, impossible la transmission des caractères acquis.

HÉRÉDITÉ RENVERSÉE

M. Galton soutient que les éléments reproducteurs deviennent stériles quand ils sont employés

[1]. *Sélection et Hérédité*, traduction H. de Varigny, 1891. La théorie de Weismann est claire, simple, et commode, mais incomplète; car, différant en cela de la théorie de la Pangénèse de Darwin, elle essaie à peine d'expliquer réellement les virtualités

à former et conserver l'individu, et qu'il n'en est employé ainsi qu'une petite proportion [1]. Il pense que la génération suivante est formée, entièrement, ou presque entièrement, du résidu des germes non développés, qui, n'ayant pas été utilisés dans l'organisme et le travail de l'individu, ont été libres de multiplier et de former les éléments reproducteurs d'où dériveront les individus à naître. De là provient la singulière infériorité qui se montre, non sans fréquence, chez les enfants d'hommes d'un génie remarquable, surtout quand les ancêtres n'ont eu que de médiocres capacités. Les germes de valeur ont été employés dans l'individu et ont été stérilisés dans la structure de sa personne. De là provient aussi la « forte tendance à la dégénérescence dans la transmission de toute race exceptionnellement douée ». L'hypothèse de M. Galton « explique le fait de certaines maladies qui sautent par dessus

complexes que possèdent les éléments reproducteurs. Nous pourrions peut-être conserver les gemmules à multiplication spontanée de Darwin sans supposer qu'elles sont émises par les cellules qui n'auraient plus désormais *deux* modes de multiplication. Les germes minuscules ou gemmules peuvent avoir été développés par la sélection naturelle agissant sur les germes qui perfectionnent le développement et ils peuvent exister soit séparément, soit (de préférence mais pas invariablement) en agrégats, pour former le plasma germinatif de Weismann.

1. *Contemporary Review*, Déc. 1875, p. 83.

une ou plusieurs générations », et elle « s'accorde singulièrement bien avec beaucoup de classes de faits » ; et est en forte contradiction avec la théorie de l'hérédité d'exercice. Les éléments employés meurent presque universellement sans progéniture germinale : ce sont les germes *non* employés qui sont la grande source de la postérité. Il s'ensuit que, lorsque les germes ou gemmules qui parachèvent le développement sont meilleurs ou sont pires que le reste, les qualités transmises à la postérité seront d'un caractère inverse. Si le travail du cerveau attire, développe *et stérilise* les meilleures gemmules, l'effet ultime de l'éducation sur l'intelligence de la postérité peut différer de son effet immédiat.

ORIGINE PRÉCOCE DES OVULES

Les œufs étant formés aussi tôt que le reste de l'organisme maternel, Galton fait remarquer qu'il est invraisemblable qu'ils soient affectés, d'une façon correspondante, par les modifications subséquentes de l'organisme des parents. Il n'est pas sûr que ce soit là un argument valable. Nous savons que la moitié paternelle des éléments reproducteurs n'entre dans l'œuf qu'à une période relativement tardive de son histoire, et il est bien possible que les éléments maternels des gemmules pénètrent aussi dans l'œuf du dehors. Si les éléments reproducteurs étaient renfermés dans une partie ou un organe spécial, nous ne saurions comment expliquer la reproduction des membres perdus chez les salamandres, et l'effet persistant du croisement sur la génération suivante provenant de la même mère, et la propagation des plantes par boutures, ou celle du Bégonia par de menus fragments de feuilles, ou le développement de petits segments de vers d'eau en animaux complets.

EFFETS MARQUÉS DE L'USAGE ET DE LA DÉSUÉTUDE SUR L'INDIVIDU

Ces effets sont, jusqu'à un certain point, un argument contre l'accumulation de l'hérédité de l'usage et de la désuétude. Quand un nerf s'atrophie par la désuétude, ou qu'un vaisseau se rétrécit, ou qu'un os se résorbe, ou qu'un muscle se rapetisse ou se ramollit, cela prouve, en tous cas, que l'effet moyen de l'exercice à travers des siècles sans nombre n'est *pas* transmis. Quand le péroné de la patte d'un chien s'épaissit de 400 pour 100, atteignant une dimension « égale ou supérieure » à celle du tibia déplacé qui faisait auparavant son travail[1] cela montre que malgré la désuétude durant d'innombrables générations, l'os « presque filiforme » a conservé une potentialité de développement qui égale pleinement celle que possédait l'os plus grand qui a été constamment utilisé. Lorsque, après avoir été élevés sur l'ailanthe, les chenilles du *Bombyx hesperus* meurent de faim plutôt que de retourner à leur nourriture naturelle, l'effet héréditaire de l'habitude des ancêtres ne semble pas particulièrement fort. Il n'y a pas non plus de puissant effet héréditaire de la sauvagerie d'une longue ligne d'ancêtres chez beaucoup d'animaux qu'on apprivoise facilement.

LA SÉLECTION NATURELLE FAVORISERAIT-ELLE L'HÉRÉDITÉ DES EFFETS DE L'EXERCICE

Si l'hérédité d'exercice est, en réalité, un des facteurs de l'évolution, elle est certainement parmi ceux qui sont d'ordre secondaire et subordonnés, et elle devient absolument impuissante, toutes les fois qu'elle se trouve en conflit avec le grand principe dominant de la sélection. Cette cause souveraine d'évolution aurait-elle favorisé une tendance

---

1. *Variation des Animaux et Plantes*, t. I et II.

à l'hérédité d'exercice si celle-ci s'était produite, ou l'aurait-elle découragée et détruite? Nous avons déjà vu que l'hérédité d'exercice est inutile puisque la sélection naturelle est bien plus apte à produire des modifications avantageuses; et s'il est possible de prouver que l'hérédité d'exercice serait souvent un mal, il devient alors probable que, somme toute, la sélection naturelle la découragerait et l'éliminerait avec plus de force, comme facteur hostile, qu'elle ne pourrait, à l'occasion, favoriser une telle tendance, comme une aide totalement inutile.

L'HÉRÉDITÉ DES EFFETS DE L'EXERCICE EST UN MAL

L'hérédité d'exercice voudrait, en gros et sans discernement, proportionner les parties à l'ouvrage qu'elles feraient réellement — ou plutôt à la *nutrition et croissance* variables, qui résultent d'une multiplicité de causes — et ceci, dans ses divers détails, serait souvent en conflit sérieux avec les vraies nécessités du cas, telles que la force passive qui survient à l'occasion, ou la forme appropriée, la légèreté. et l'adaptation générale. Si ses effets accumulés n'étaient corrigés par la sélection naturelle ou sexuelle, les cornes et les andouillers disparaîtraient pour céder la place à des sabots agrandis. Les défenses de l'éléphant deviendraient plus petites que ses dents. Les hommes s'assiéraient sur des callosités, comme certains singes, et ils auraient de grands cors, ou des sabots pour marcher. Les os seraient souvent modifiés d'une manière désastreuse. Ainsi le condyle de la mâchoire humaine deviendrait plus grand que le corps de la mâchoire parce que étant le point fixe du levier il subit plus de pression. Quelques organes (tels que le cœur qui ne cesse jamais de travailler) deviendraient d'une dimension incommode ou inutile. D'autres organes absolument indispensables, qui sont relativement passifs ou sont très peu exercés, dépériraient jusqu'à ce que leur faiblesse causât la ruine de l'individu ou l'extinction de l'espèce. En éliminant les divers résultats nuisibles de l'hérédité d'exercice, la sélection naturelle éliminerait celle-ci. Le remplacement de la théorie de Lamarck par celle de Darwin montre que les effets de l'hérédité d'exercice diffèrent souvent de ceux qu'exigent la sélection naturelle ; et il est évident que ce dernier facteur doit avoir, au moins, réduit l'hérédité d'exercice à la position très inférieure de faiblesse inoffensive et d'impuissance relative que Darwin lui a assignée.

L'hérédité d'exercice serait désastreuse par la variation inégale qu'elle causerait dans les parties coopérantes — dont M. Spencer peut trouver des exemples typiques dans les cas qu'il cite lui-même des mâchoires et des dents, et des yeux disparus du crabe des cavernes chez qui persistent les pédoncules oculaires. Il semble démontré par les exemples eux-mêmes que la variation serait inégale, à cause du degré de variabilité dans la rapidité et l'étendue des effets de l'usage et de la désuétude sur les tissus différents et sur les différentes parties de l'ensemble du corps. Le nerf optique peut s'atrophier en quelques mois par la désuétude qui est la conséquence de la perte de l'œil. Quelques-uns des os des membres postérieurs rudimentaires de la baleine existent encore après une désuétude ayant duré une énorme période de temps. Il est évident que l'hérédité d'exercice n'a pu également modifier la tortue et sa carapace, ou le cerveau et le crâne ; en des matières moins importantes il y aurait la même incongruité d'effet. Ainsi, si les dents molaires s'allongeaient par suite d'un service plus fréquent, les incisives ne pourraient plus se rencontrer. Une variation capricieuse et sans discernement détraquerait la marche de l'organisme de manières innombrables.

L'HÉRÉDITÉ D'EXERCICE PERPÉTUERAIT DIVERS INCONVÉNIENTS

On nous apprend, par exemple, qu'elle perpétue la myopie, l'infériorité des sens, l'épilepsie, la folie, les maladies nerveuses, et ainsi de suite. Elle transmettrait, apparemment, les fâcheux effets des excès de travail, de la désuétude, de la souffrance, des périls, des maladies et des accidents, tout aussi bien que les défauts de la vieillesse ou de la juvénilité.

Ne vaudrait-il pas mieux, somme toute, que chaque individu eut son point de départ personnel, autant que possible, partant des lignes typiques avantageuses, posées par la sélection naturelle? A travers les longues périodes d'évolution remontant du protoplasme primitif jusqu'à nos jours, les espèces qui seraient le moins influencées par l'hérédité d'exercice auraient été celles qui étaient libres de développer des organes nécessaires mais rarement exercés, des enveloppes protectrices telles que les coquilles ou les crânes, et des armes naturelles, des défenses, des ornements, des adaptations spéciales, et ainsi de suite ; et ce serait un avantage, car la survivance dépendrait, évidemment, de l'*importance* d'une structure ou d'une faculté décidant de la lutte pour l'existence et de la reproduction, et non de la somme totale de son usage ou de sa nutrition. Si la sélection naturelle avait en définitive favorisé cet allié officieux fréquemment ennemi, nous trouverions sûrement de meilleurs preuves de son existence.

Sans insister plus que de raison sur les fâcheux effets de l'hérédité d'exercice, nous pouvons par un examen soigneux et détaillé de ces effets, trouver de quoi contrebalancer les arguments optimistes *a priori* en faveur de ce facteur plausible mais non prouvé de l'évolution.

Les avantages dérivables de l'hérédité d'exercice sont grandement illusoires. Les effets de l'exercice, à la vérité, sont, en général, avantageux jusqu'à un certain point ; car la sélection naturelle a sanctionné ou développé des organes qui ont la propriété ou la potentialité de se développer dans la juste mesure sous les excitations de l'usage ou de la nutrition. Mais *l'hérédité* d'exercice changerait, par accumulation, cette adaptibilité individuelle, et tendrait à fixer la dimension des organes par la quantité moyenne d'usage ou de désuétude des ancêtres plutôt que par les exigences réelles de l'individu. Naturellement, sous des conditions changées impliquant un usage accru ou diminué des parties, elle pourrait devenir avantageuse ; mais, même là, elle pourrait être un empêchement décisif à l'évolution adaptive à quelques égards, aussi bien qu'un secours inutile à d'autres. Ainsi dans les cas des animaux devenant plus lourds, ou marchant davantage, elle *allongerait* les jambes malgré la sélection naturelle qui les voudrait raccourcir. Chez le canard Aylesbury et le canard chanterelle, si l'hérédité d'exercice a augmenté les dimensions des os et les tendons de la jambe, la sélection naturelle a eu à contrecarrer cet accroissement en tant que la longueur est intéressée, et a dû, en outre, effectuer un raccourcissement de 8 pour cent. Si l'hérédité d'exercice épaissit les os sans les allonger en proportion, elle empêcherait plutôt qu'elle ne seconderait l'évolution d'organes tels que les longues plumes légères des oiseaux, ou les longues jambes et le long cou de la girafe ou de la grue.

EFFETS DIVERS DE L'USAGE ET DE LA DÉSUÉTUDE

Les changements que nous groupons, en masse, et d'une manière quelque peu empirique comme effets de « l'usage et de la désuétude », sont de caractère grandement différents. Ainsi l'os, comme fait physiologique, s'épaissit sous des *alternances* de pression, (et le courant accru de nutrition qui suit ces pressions) mais s'atrophie sous une pression continuée constamment ; de telle sorte que si l'usage d'un os impliquait une pression continue, l'effet d'un usage pareil serait la résorption, partielle ou totale de cet os. Darwin fait voir que les os s'allongent tout en s'épaississant en portant un poids plus lourd, tandis que la tension (cela se voit aux bras des marins qu'ils emploient à tirer) semble avoir un effet également marqué dans le raccourcissement des os. (*Descendance*, p. 32.) Ainsi des genres d'usage différents peuvent amener des résultats opposés. L'hérédité accumulée de tels effets serait souvent nuisible. Les membres du paresseux et la queue prenante de tel singe deviendraient continuellement plus courts, tandis que les jambes de l'éléphant ou du rhinocéros en voie de formation, s'allongeraient au delà du point désirable. Des tendances accumulées d'hérédité d'exercice pareilles, si elles existent réellement, sont évidemment bien réprimées par la sélection naturelle.

Bien que l'effet ultime de l'usage soit généralement la croissance ou l'agrandissement, par le flux augmenté du sang, le premier effet est, communément, une perte de substance, et une diminution, en conséquence, de dimensions et de force. Quand la perte est en excédent sur la croissance, l'usage diminuera ou détériorera la partie employée, tandis que la désuétude l'augmenterait ou la perfectionnerait. Les dents, les griffes, les ongles, la peau, les cheveux, les sabots, les plumes, etc., peuvent ainsi s'user plus vite qu'ils ne peuvent se renouveler. Mais cette usure stimule d'ordinaire le processus réparateur, et augmente, de la sorte, le taux de la croissance ; c'est à dire : augmente la dimension produite si ce n'est la dimension conservée. Quel effet l'hérédité d'exercice transmet-elle en de tels cas — le taux augmenté de croissance, ou la dilapidation des parties usées ? Nous pouvons difficilement supposer que ces deux effets de l'exercice seront héréditaires. Le fait de se raser détruit-il ou fortifie-t-il la barbe, par la suite des temps ? La tonte des agneaux, continuée, augmentera-t-elle ou diminuera-t-elle la croissance de la laine ? Quels seront les effets ultimes de la pratique de plumer les oies et d'enlever au canard eider son duvet ? Si les parties mutilées croissent en force ou en abondance, pourquoi allègue-t-on que les plumes du momot sont rétrécies par les effets héréditaires de l'habitude de les grignoter chez les ancêtres ?

L' « usage » ou « travail » ou « fonctionnement » des muscles, des nerfs, des os, des dents, de la peau, des tendons, des glandes, des vaisseaux, des yeux, des corpuscules du sang, des cils et des autres parties constituant l'organisme, diffèrent aussi largement que les parties diverses diffèrent entre elles, et les effets de leur usage ou de leur désuétude sont également variés et compliqués.

L'HÉRÉDITÉ D'EXERCICE IMPLIQUE LA PANGÉNÈSE.

Comment interpréter la transmission de ces effets divers à la progéniture? Est-il possible de croire, avec M. Spencer, que les effets de l'usage et de la désuétude sur les parties de l'organisme individuel sont enregistrés, simultanément, en impressions correspondantes sur les germes séminaux? Ne devons-nous pas sentir, apparemment avec Darwin[1], que l'*unique* explication intelligible de l'hérédité d'exercice est l'hypothèse de la pangenèse, suivant laquelle chaque cellule modifiée, ou unité physiologique, émet des gemmules ou parties d'elle-même semblablement modifiées, qui reproduisent, en définitive, le changement chez la progéniture? Si nous rejetons la pangenèse, il devient difficile de voir la possibilité de l'hérédité d'exercice.

LA PANGÉNÈSE EST INVRAISEMBLABLE

Les phénomènes d'hérédité les plus importants et

1. *Variation des Animaux et Plantes*, II, chap. XXVII. *Vie et Correspondance*, II, p. 339.

les mieux connus ne demandent pas une hypothèse de ce genre, et les faits principaux (tels que l'atavisme, la transmission des parties perdues, et la non-transmission générale des caractères acquis) sont en telle contradiction avec elle que Darwin est obligé d'accorder que beaucoup des gemmules reproducteurs sont atavistiques et que, par une multiplication propre continuelle, ils peuvent conserver, en pratique, la « continuité de la substance germinative », comme dirait Weismann. L'idée que la parenté de la progéniture avec les parents est celle de la descendance directe est, ainsi que Galton nous le dit, « entièrement insoutenable »; et la seule raison pour laquelle il admet quelques traces de la pangenèse dans sa *Theory of Heredity*[1] est que, en ce faisant, il peut expliquer les cas plus ou moins douteux de transmission des caractères acquis. Mais il ne semble pas que même cette concession soit nécessaire. Nous devons donc nous passer de cette hypothèse inutile et gratuite suivant laquelle les cellules se multiplient en émettant de minuscules gemmules à multiplication directe ou se reproduisant par la méthode bien connue de la division directe. Si la pangenèse se produit réellement, la transmission des caractères acquis devrait être un fait marquant. Les dimensions, la force, la santé et autres bonnes ou mauvaises

1. *Contemporary Review*, Dec. 1875, pages 94, 95.

7.

qualités des cellules ne pourraient manquer d'exercer un effet correspondant et marqué sur les dimensions et les qualités de gemmules reproductrices émises par ces cellules. La preuve directe tend à démontrer que ces gemmules libres n'existent pas. La transfusion du sang n'a pas réussi à affecter l'hérédité dans le moindre degré. La pangenèse, avec son attraction des gemmules de toutes les parties du corps dans les cellules germinales, et la libre circulation des gemmules chez la progéniture jusqu'à ce qu'elles rencontrent ces cellules particulières et soient attirées par elles, avec lesquelles seules elles peuvent s'unir, semble une théorie moins acceptable et moins conforme à l'ensemble des faits qu'une hypothèse de la continuité des germes, supposant que le développement du plasma germinatif et des cellules somatiques successives, à division directe, procède du dedans. La pénétrante analogie établie par Darwin, avec la fécondation des plantes par le pollen, rend concevable le développement venant du dehors, mais comme il n'y a pas, là, d'insectes pour transporter les gemmules à leur destination, chaque sorte de gemmule aurait dû être très nombreuse et facilement attirée du milieu d'un nombre incalculable d'autres gemmules. On peut aussi tirer des arguments contre la pangenèse du cas des insectes neutres — fait qui semble avoir échappé à l'observation de Darwin, quoiqu'il ait vu combien ce cas est en contradiction avec la doctrine qui forme la base essentielle de la théorie de la pangenèse.

EXPLICATION PROPOSÉE PAR M. SPENCER POUR L'HÉRÉDITÉ D'EXERCICE

M. Spencer explique l'hérédité des effets de l'usage et de la désuétude (p. 36) en ces termes : « Tout en engendrant un *consensus* modifié de fonctions et de structures, les activités, en même temps, impriment ce *consensus* modifié aux cellules spermatiques et aux cellules germinales d'où les individus à naître doivent être produits » proposition qui sent plus la métaphysique que la science. Déjà difficile à comprendre ou à accepter en des cas ordinaires, un tel *consensus* héréditaire semble impossible dans des cas tels que celui de l'abeille à miel. Pouvons-nous supposer que le consensus des activités de l'abeille ouvrière s'imprime sur les cellules spermatiques des frelons et les cellules germinales de la reine soigneusement séquestrée ? Büchner le pense, car il dit : « bien que les reines et les frelons ne travaillent plus maintenant, ils gardent pourtant, encore, les capacités qu'ils ont héritées de temps plus anciens, ces capacités étant entretenues et rafraîchies par les impressions qu'ils reçoivent constamment au cours de leur vie, et ils se trouvent ainsi en état de les transmettre à la postérité. » Il vaudrait sûrement mieux abandonner une théorie de prédilection que d'être forcé de la défendre par des explications aussi illogiques qu'insuffisantes. Des capacités nouvelles se développent tout comme d'anciennes capacités se conservent. Il faudrait que le massacre ou l'expulsion des frelons s'imprimât sur les cellules germinales d'une reine spectatrice, et la séquestration de cette reine sur les cellules spermatiques des frelons — et de telle façon, en outre, qu'ils pussent être ensuite, mis en action chez les neutres seuls. Et en tout cela, l'hérédité d'exercice serait constamment subjuguée par l'hérédité d'impression, — par la pleine transmission de ce qui n'eut été que vu chez les autres ! Si une telle loi existe, nous pouvons avoir froid parce qu'un de nos ancêtres a pensé au Caucase glacé. Une absurdité de ce genre n'aurait aucune chance d'être énoncée s'il était bien reconnu qu'un parent n'est qu'un dépositaire, que la transmission et le développement sont choses parfaitement distinctes, et que les modifications des parents sont indépendantes de celles qui sont transmises à leur progéniture.

CONCLUSIONS

L'expérience générale nous apprend que les caractères acquis ne sont pas habituellement héréditaires, et l'investigation nous prouve que les exceptions apparentes à cette grande règle sont probablement fausses. Même les prétendus exemples d'hérédité d'exercice choisis par des experts aussi autorisés et aussi judicieux que Darwin et Spencer ne supportent pas l'examen; car on les explique mieux sans l'hérédité d'exercice. D'autre part, les faits et les considérations qui leur sont opposés ont presque assez de puissance pour prouver la non-existence d'une telle loi ou tendance. Il n'est pas besoin d'entreprendre la tâche, impossible en apparence, de prouver la négative absolue. Il suffit de demander que le facteur lamarckien de l'hérédité d'exercice soit transporté de la catégorie des fac-

teurs accrédités de l'évolution à celle des hypothèses
inutiles et invraisemblables. L'explication principale ou source de cette erreur peut se trouver dans
le fait que la sélection naturelle imite souvent
quelques-uns des effets les plus en évidence de l'u-
sage et de la désuétude.

LA CONFIANCE ACTUELLE DANS L'HÉRÉDITÉ D'EXERCICE EST MAL PLACÉE

La philanthropie moderne — en tant du moins
qu'elle étudie les résultats ultimes — s'appuie
constamment sur cette croyance mal fondée pour
justifier son dédain des avertissements de ceux qui
indiquent combien de résultats désastreux peut, en
fin de compte, causer le défi systématique ou le renversement de la grande loi de la sélection naturelle.
Cette confiance est soutenue fortement par les plus
récents enseignements de M. Spencer qui professe
que l'hérédité des effets de l'usage et de la désuétude
est d'occurrence universelle, et qu'elle est, maintenant, « le facteur principal » dans l'évolution de
l'homme civilisé (pages 35, 74, IV,) — la sélection naturelle étant entièrement inadéquate pour l'œuvre de
la modification progressive. Il abandonne, en somme,
l'espoir de l'évolution par la sélection naturelle, et

loi substitue l'idéal d'une nation qui serait « modifiée *en masse* par la transmission des effets » de ses
institutions et de ses habitudes. L'hérédité d'exercice « pétrira ses membres beaucoup plus rapidement et d'une façon plus étendue » que ne pourrait le faire, seule, la survivance du plus apte.

Mais pourrions-nous compter sur l'aide de l'hérédité d'exercice si elle était, réellement, une loi
universelle et non un simulacre de loi? Considérons
quelques-uns des traits de ce prétendu facteur de
l'évolution, puisque désormais il doit être le moyen
principal d'assurer le progrès de notre espèce et
notre adaptation continue aux conditions chan-
geantes d'une civilisation progressive.

Il est, ce facteur, curieusement incertain et
irrégulier dans son action. Il diminue ou même
abolit quelques organes (tels que les mâchoires ou
les yeux) sans diminuer, ni supprimer en correspondance d'autres parties également en désuétude et
qui leur sont étroitement alliées (telles que les
dents, ou les pédoncules oculaires). Il épaissit les
os des pattes de canard sans leur permettre de se
raccourcir. Il raccourcit les os des ailes de canards
et les os des pattes de lapins, tombés en désuétude,
sans leur permettre de s'épaissir; et pourtant, en
d'autres cas, il réduit grandement l'épaisseur des
os sans les raccourcir. Il transmet la docilité au

plus haut degré chez un animal qui, d'ordinaire,
ne peut l'acquérir. Il aide à palmer les pattes des
chiens qui vont à l'eau, mais ne palme pas les
pattes de la poule d'eau tandis qu'il laisse les oies
des hautes terres rester palmipèdes [1]. Il permet au
péroné en désuétude de conserver une virtualité de
développement pleinement égale à celle que le tibia, longtemps exercé, possédait. Il allonge les
jambes parce qu'elles servent à soutenir le corps,
et raccourcit les bras qui servent à tirer. Nous ne
sommes pas en état de dire s'il agrandit le cerveau
quand il est exercé dans un sens, et le diminue
quand il l'est dans un autre; mais il doit, évidemment, amortir les sensibilités nerveuses en quelques cas et les intensifier dans d'autres. Il agrandit
les mains avant qu'elles n'aient servi, et épaissit la
plante des pieds longtemps avant le temps où l'on
marche. En même temps, et comme par inadver-
tance, il retarde tellement la transmission de l'habitude de marcher sur ces plantes de pied durcies
que l'acquisition graduelle et pénible de l'habitude
non transmise coûte à l'enfant beaucoup de temps,
d'ennui, et souvent de souffrance et de danger.
Et pourtant, lorsqu'il est aidé par la sélection na-

---

1. M. J. G. Romanes a fait mouler des pattes d'oies des monta-
gnes, et n'a pu découvrir aucune diminution des orteils en les
comparant à la palmure d'autres oies.

turelle, comme chez les volailles et les poulains, il transmet l'habitude avec une perfection merveilleuse et à une date très peu avancée. Il transmet de nouvelles allures aux chevaux, en une seule génération, mais ne réussit pas à perpétuer le chant des oiseaux. Il modifie la progéniture comme les parents, et cependant permet la formation de deux types de reproduction chez les plantes, et de deux types, ou même plus encore, différant largement des parents chez quelques insectes supérieurs. On le dit indispensable au développement coordonné de l'homme et de la girafe, et de l'élan, mais il semble inutile à l'évolution et au maintien des organes, et habitudes, et instincts si merveilleux de mille espèces de fourmis, d'abeilles et de termites. C'est l'unique moyen d'évolution complexe et d'adaptation de parties coopérantes, et cependant, dans le cas le plus typique de M. Spencer, il rend des parties aussi importantes que les dents et les mâchoires peu appropriées les unes aux autres, et l'on assure qu'il est la ruine des dents dont il cause le resserrement excessif et la carie. Il survit à un « défaut général de preuves constatées » et ne semble agir d'une façon utile, saine et régulière que dans des régions où il est le plus malaisé de le distinguer des autres facteurs d'évolution plus puissants et plus évidents. Il se montre si peu

là où il serait aussi aisément vérifié qu'utile
que les éleveurs pratiques le dédaignent et n'en
tiennent aucun compte. Sa puissance indépendante est si légère qu'elle semble permettre aux
sélections naturelle, sexuelle, et artificielle de modifier les organismes en dépit de sa plus vive opposition, tout aussi aisément qu'elles modifient les
organismes, avec tout son secours, dans d'autres
directions. Si elle perpétue, en partie, et propage
les dentelures picotées des plumes de la queue du
momot, elle échoue, d'autre part, dans la transmission de la plus faible trace de mutilation dans un
nombre presque infini de cas ordinaires, et même
là où la mutilation est répétée depuis des centaines
de générations ; et elle répare, selon toutes les ap-
parences, plutôt que de les transmettre, les pertes
ordinaires et souvent répétées causées par l'arra-
chement des cheveux, du duvet et des plumes, et
l'usure des griffes, des dents, des sabots, et de
la peau.

Cette puissance est souvent nuisible aussi bien
qu'anormale dans son action. Avec la division du
travail de notre civilisation, les fonctions diverses
de l'esprit et du corps sont très inégalement exercées. Il y a surmenage ou mauvais usage d'une
partie, et désuétude et négligence des autres, me-
nant à la dégénérescence ou à la destruction par-

tielle de divers organes, et au délabrement général de la santé par la destruction de l'équilibre de la constitution. Le cerveau, ou plutôt quelques parties du cerveau, sont souvent trop stimulées tandis que le corps est négligé. En beaucoup de manières, l'éducation et la civilisation encouragent l'énervement et la faiblesse, et sapent la vigoureuse santé naturelle et la vie de l'animal humain. L'alcool, le tabac, le thé, le café, le travail cérébral excessif, les veilles tardives, la dissipation, l'excès de travail, la vie renfermée, la division du travail, la conservation des faibles, et beaucoup d'autres causes, contribuent à nuire à la constitution moderne : de façon que la perspective d'une accumulation intensifiée de ces maux, par l'influence surajoutée de l'hérédité d'usage est loin d'être encourageante. Il est vrai que le progrès et la prospérité modernes améliorent les peuples à différents égards par leur action directe, mais si l'hérédité d'exercice joue quelque rôle pour effectuer ce progrès, elle doit aussi transmettre des besoins et habitudes de luxe croissants, joints aux maux auxquels on vient de faire allusion. Telle que la dépeignent ses défenseurs, l'hérédité d'exercice transmet le mal avec beaucoup plus d'efficacité et de promptitude que le bien. Elle transmet la folie et la névrose plutôt que le cerveau sain qui a précédé l'effondrement. Elle perpétue et intensifie, par accumulation, la détérioration des sens de l'homme civilisé, mais elle manque à perpétuer la vigueur féconde de diverses plantes quand elles sont trop fortement nourries, ou l'état florissant de divers animaux quand ils sont trop gros, ou apprivoisés. Elle transmet déjà la myopie causée par l'art si moderne de l'horlogerie, mais échoue tellement dans la transmission de l'art si longtemps exercé de voir (de même que pour la marche et le langage) que la vue est plus qu'inutile à un homme jusqu'à ce qu'il ait, par degrés, acquis les associations nécessaires, mais non transmises, entre la sensation et de l'idée par sa propre expérience. Dans un cas bien connu, un aveugle recouvrant la vue à la suite d'une opération dit que « tous les objets semblaient toucher ses yeux, comme il sentait que le faisait sa peau » — tant l'expérience universelle de siècles sans nombre s'était peu imprimée sur ses facultés !

Dans les conditions normales de santé, l'hérédité d'exercice est si lente dans son action que « plusieurs générations » doivent s'écouler avant qu'elle ne produise un effet appréciable, et cet effet, quand il se produit, n'est que précisément celui que la sélection aurait amené sans son aide. Forte pour le mal et lente pour le bien, elle communique promptement l'épilepsie aux cochons d'Inde, mais transmet si misérablement les acquisitions du génie que notre meilleur observateur de l'hérédité du génie a dû expliquer la fréquente et remarquable dégénérescence de la progéniture par une théorie fortement opposée à l'hérédité d'exercice. Cette théorie tendrait à rendre les organismes impossibles à manier par les différences excessives dans le taux et le mode d'action des parties coopérantes, et par l'adaptation de ces parties à la somme totale de nutrition reçue plutôt qu'à une nécessité accidentelle ou à une véritable utilité. Cela tendrait à stéréotyper les habitudes et à convertir la raison en instinct.

Comment alors pouvons-nous compter sur l'hérédité d'exercice pour l'amélioration de la race? Quand même elle ne serait pas une pure illusion, elle peut être plus préjudiciable comme mal positif qu'elle ne serait avantageuse comme bienfait inutile; comme agent modificateur normal elle est misérablement faible et indigne d'inspirer confiance, surtout comparée aux puissantes influences sélectives par lesquelles la nature et la société affectent continuellement et inévitablement l'espèce, soit pour le bien, soit pour le mal. Les effets de l'usage et de la désuétude — convenablement dirigés par l'éducation dans son sens le plus large — doivent naturellement être invoqués pour assurer le progrès très essentiel, mais néanmoins *superficiel, limité et en partie trompeur* des individus, et des mœurs et méthodes sociales ; mais comme ce développement artificiel de potentialités déjà existantes ne tend pas directement ni promptement à devenir congénital, il est évident qu'une quantité considérable de sélection naturelle ou artificielle des individus variant de la manière la plus favorable sera encore l'unique moyen de garantir la race contre la tendance constante à la dégénérescence qui finirait par engloutir tous les avantages de la civilisation. Les influences sélectives grâce auxquelles nous avons atteint et nous conservons notre niveau élevé actuel peuvent bien être modifiées, mais il faut nous garder de les abandonner ou de les renverser dans l'attente inconsidérée que l'éducation d'État, l'alimentation des enfants par l'État, ou le logement des pauvres par l'État, ou un degré quelconque de socialisme d'État ou de philanthropie publique ou privée, nous offrira des équivalents permanents et satisfaisants. S'il faut éviter une dégénérescence désastreuse et d'autres maux plus immédiats, le prix de la course sera toujours au meilleur coureur, et la victoire au plus fort. L'individualisme vigoureux si sérieusement prôné par M. Spencer doit avoir libre carrière. La concurrence ouverte, ainsi que l'enseigne Darwin, avec sa survivance et sa multiplication du plus apte, doit être autorisée à décider du combat de la vie indépendamment d'une sotte bienveillance qui préfère la culture et la multiplication pénibles des mauvaises herbes à celles du blé et des roses. Nous sommes les gardiens dépositaires des générations innombrables de l'avenir. Si nous sommes sages, nous mettrons notre foi dans les grandes vérités dont nous sommes certains, plutôt que de prêter l'oreille aux plaidoyers séduisants d'un prétendu facteur d'évolution en faveur duquel on ne saurait produire aucune preuve satisfaisante.

APPENDICE

LES VARIATIONS ACQUISES SONT-ELLES HÉRÉDITAIRES ?

PAR

Henry Fairfield OSBORNE

Traduit, avec l'autorisation de l'auteur,

PAR

Henry de Varigny

LES VARIATIONS ACQUISES SONT-ELLES HÉRÉDITAIRES?

Les variations acquises sont-elles héréditaires? Nous admettons que les individus héritent d'une certaine constitution, et que des variations définies de cette constitution sont acquises pendant la vie, suivant des lois bien connues. La question est: Ces variations définies acquises sont-elles transmises à un degré quelconque, ou les variations congénitales dans la constitution des rejetons sont-elles indépendantes de celles qui ont été acquises par les parents?

ÉTAT ACTUEL DE LA QUESTION

Avant d'ouvrir cette discussion, faisons le bilan de la philosophie biologique pour 1890, et déterminons exactement le point où nous en sommes à l'égard de la connaissance de la causation naturelle. Par bonheur, le professeur Huxley a relevé le compte courant de l'évolution en 1871[1] de la manière exacte et sincère qui le caractérise, ce qui nous met à même d'établir une comparaison.

« Si j'affirme que les « espèces ont été développées par la variation[2] (processus naturel dont les lois sont, pour la plupart, inconnues), aidée par l'action subordonnée de la sélection naturelle, » il me semble que j'énonce une proposition qui constitue la vraie moëlle de la première édition de l'*Origine des Espèces*. Ce dont l'évolutioniste a besoin, maintenant, ce n'est pas d'une répétition des principes fondamentaux du Darwinisme, mais de lumière sur les questions suivantes : Quelles sont les limites de la variation ? Et, si une variété s'est produite,

1. *Critiques and Addresses*, p. 293 (*Contemporary Review*, 1871. Le passage est, pratiquement, un résumé de l'article intitulé : *Les critiques de M. Darwin* d'où il est tiré.

2 Comprenant sous ce chef la transmission héréditaire.

peut-on la perpétuer, ou même l'intensifier, quand les conditions sélectives sont indifférentes, ou peut-être défavorables à son existence[1] ? »

C'est ainsi qu'il y a vingt ans, Huxley déclarait l'évolution bien établie, avec la loi de la sélection naturelle comme un de ses facteurs bien déterminés, tandis qu'il constatait que nous étions à peine au seuil de la connaissance des lois de la variation. Quelques biologistes optimistes de nos jours croient que nous avons franchi ce seuil par les recherches patientes des deux décades qui se sont écoulées, mais d'autres sont représentés par le professeur Lankester, qui occupe maintenant le premier rang de la critique anglaise, et a résumé, dernièrement, nos connaissances en un article[2] écrit, selon toutes les présomptions, avec grand soin et réflexion, comme suit :

« Leurs causes [c'est-à-dire les causes des variations] sont très difficiles à suivre en détail, mais il semblerait qu'elles sont dues, en grande partie, à un « réveil » de la matière vivante qui constitue le germe fertilisé ou la cellule-embryon, par le pro-

---

1. Il fait observer, alors, que Darwin, autrefois, inclinait à répondre négativement à ces questions, mais que depuis il a été affirmatif.

2. *The History and Scope of Zoology*, *Enc. Brit.*, vol. XXIV. Et *aussi* : *Advancement of Science*, p. 372-373.

cessus du mélange dans cette cellule de la substance de deux cellules — la cellule germinale, et la cellule spermatique — dérivées de deux individus différents. D'autres troubles mécaniques peuvent aider à produire cette variation congénitale. Quelles qu'en soient les causes, Darwin a montré qu'elle était de toute importance... D'où il suit qu'il n'y a aucune *nécessité* d'admettre la perpétuation des adaptations directes[1]. La sélection des variétés produites fortuitement (fortuitement, en ce qui concerne les conditions de survivance) est suffisante, puisqu'il a été constaté qu'elles tendront à transmettre les caractères avec lesquels elles sont nées elles-mêmes, bien qu'il ne soit *pas* constaté qu'elles puissent transmettre des caractères *acquis* au cours de la vie. »

Ici se trouve fortement accentué le contraste entre notre connaissance du *fait* de la variation (*op. cit.* p. 373) et notre connaissance indéfinie des *causes* de la variation[2]. En d'autres termes, nous avons accumulé des faits, et l'induction que nous en tirons est que les variations qui ont formé la base principale de

---

1. C'est-à-dire des caractères acquis.

2. Je désire vivement exposer d'une façon parfaitement loyale les idées des auteurs que je cite, et je sais qu'un passage isolé induit souvent en erreur. Voyez, pour le sujet actuel, d'autres essais et résumés récents du professeur Lankester, principalement ceux qui se trouvent dans *Nature*.

l'évolution, sont fortuites; il peut, à la vérité, exister des causes définies, mais les effets sont grandement indéfinis. Si, maintenant, tous les naturalistes, ou même la plupart d'entre eux s'accordaient avec Lankester, nous pourrions nous vanter d'un progrès marqué, depuis 1870, même en atteignant une conclusion négative; c'est-à-dire, d'après le principe qu'il y a progrès là où l'on reconnaît que l'on ne peut avancer plus loin.

Mais par bonheur, ou autrement, ce n'est point ici le cas; car, il y a, en opposition avec ceux qui partagent les vues de Lankester, un nombre également grand de personnes qui voudraient établir le compte différemment, et soutiennent que le trait distinctif des vingt dernières années d'études est que nous avons atteint quelques-uns des principes fondamentaux de variation qu'Huxley présentait comme étant le but des recherches.

Mais cette différence dans les comptes ne s'arrête point là. Nous sommes obligés, nous autres biologistes, d'avouer franchement à nos collègues, les savants de la chimie et de la physique, et au public en général, qu'après avoir étudié l'évolution pendant un siècle, notre opinion quant à ses vrais facteurs est encore dans le chaos. Il n'y a réellement aucun *consensus* quant à la puissance du principe de la sélection, aucun quant aux lois de l'hérédité,

aucun quant aux influences du milieu! Le problème
que nous venons discuter ensemble se trouve au cœur
même de cette confusion. C'est le milieu qui ré-
fracte notre jugement sur chacun des facteurs de
l'évolution. Nous pouvons continuer à accumuler les
faits, mais aucun progrès réel ne peut être fait dans
l'étude de la causation naturelle jusqu'à ce que ce
problème soit résolu d'une manière ou d'une autre.
Ceci étant le cas, Weismann a rendu un service si-
gnalé en poussant cette question au pied du mur.
Il est vrai qu'un grand nombre de naturalistes con-
sidèrent qu'elle n'est plus *sub judice*, mais comme
une moitié professe une opinion, et l'autre moitié,
une opinion entièrement opposée, nous sommes
forcés, par notre rôle de critique, de déclarer qu'aucun des deux côtés ne présente, actuellement, une
démonstration assez claire et complète de la façon
dont l'évolution agit d'après leur manière de voir,
pour être concluante; aucun des côtés ne veut, non
plus, admettre la valeur de la preuve que fournit
l'autre. Comparez, pour le contraste, deux de nos
écrivains les plus énergiques sur ce point.

« Ceci est d'autant plus nécessaire, que cet auteur
[Weismann] et ses disciples répudient le témoignage
d'après lequel on conclut que les caractères acquis,
pris dans le sens Lamarckien le plus large, peuvent
être transmis. Pendant une période de plus de

quinze ans, celui qui écrit ces lignes s'est voué à
l'étude de la genèse des adaptations, et dans ce laps
de temps sa conviction n'est devenue que plus claire
que ces auteurs sont victimes d'une illusion. La manière dont ils se sont placés montre qu'ils n'ont pas
calculé les conséquences de leurs spéculations ha-
sardées[1]. »

Quelques mois plus tard, Lankester, se faisant
l'écho de Weismann[2], écrit à *Nature*[3] :

« Les naturalistes sont à présent intéressés dans
la tentative de décider si Lamarck a eu raison d'affirmer que les caractères acquis sont transmis par
les parents ainsi transformés à leur progéniture.
Beaucoup d'entre nous croient que non; puisque,
si plausibles que puissent apparaître les lois citées
ci-dessus, il n'a pas été possible d'invoquer un seul
cas où l'acquisition d'un caractère tel que le décrit
Lamarck, et sa transmission subséquente à ses rejetons, aient été observés d'une manière concluante.
Nous jugeons que, jusqu'à ce que des cas pareils

1. Ryder, *A Physiological Hypothesis of Heredity and Variation
(Am. Naturalist.*, janvier 1890, p. 85).

2. « Il n'y a pas d'observations qui prouvent la transmission de
l'atrophie ou de l'hypertrophie fonctionnelle, et on ne peut guère
s'attendre à ce que nous obtenions ces preuves dans l'avenir. »
Sélection et Hérédité, 1891.

3. 6 mars 1890, p. 415.

soient alégués, il n'est pas légitime de conclure à la vérité de la seconde loi de Lamarck. »

NATURE DE LA DISCUSSION

Avant d'entamer la question des preuves relatives à ce facteur de l'évolution, établissons clairement ce que nous *ne* discuterons *pas* ici. D'abord, la loi de la sélection naturelle est bien établie, et ne se discute plus ; elle fournit la meilleure et, réellement, la seule explication qu'on puisse offrir pour beaucoup d'adaptations : la question qui se présente à nous n'est que celle de l'étendue de son action. Secondement, nous n'avons pas besoin de discuter l'hérédité des mutilations, car les mutilations ne font pas partie de l'ordre régulier de la nature, et tout en pouvant offrir une forte valeur positive, elles n'ont que peu de valeur négative, et les arguments laborieux qu'on a récemment dirigés contre elle, nous rappellent, par conséquent, les excursions de Don Quichotte contre les moulins à vent ; comme si le Lamarckisme dépendait principalement de telles preuves ! Il n'est pas besoin, non plus, de discuter si les effets de l'atrophie ou de l'hypertrophie générales du corps sont transmis. Car il est de toute évidence qu'un organisme mal nourri ne produira point une progéniture aussi parfaite qu'un organisme bien nourri. Quant à l'atrophie ou l'hypertrophie pathologiques, je crois qu'il est admis des deux côtés, que dans les cas où elles naissent de certains bacilles, il est possible qu'elles soient transmises avec ces bacilles. Ce que nous discutons *réellement*, c'est de savoir si les variations spéciales et locales de la fonction et de la structure, amenées par le milieu et l'habitude dans la vie du parent, tendent à réapparaître, en quelque degré, chez le rejeton.

C'est ici la forme moderne, ou modifiée, de la loi de Lamarck. Ses partisans admettent qu'il a estimé trop haut le taux de l'hérédité des effets de l'usage ou de la désuétude en affirmant que *tout* ce qui est acquis est transmis[1].

L'élément du taux ou du temps n'est que secondaire, comme il l'est pour la loi de la sélection — le point principal est de savoir si des effets semblables sont réellement transmis. Il y a, naturellement, des Lamarckiens de tout degré de ferveur. L'exposé suivant reflète, probablement, la moyenne de l'opinion.

I. Dans la vie de l'individu, l'adaptation s'accroît

---

1. Quatrième loi : « Tout ce qui a été acquis, tracé ou changé, dans l'organisation des individus, pendant le cours de leur vie, est conservé par la génération et transmis aux nouveaux individus qui proviennent de ceux qui ont éprouvé ces changements. »

par des changements métatrophiques locaux et généraux, nécessairement en corrélation, qui ont lieu plus rapidement dans les régions où l'adaptation est moins parfaite, puisque les réactions y sont plus grandes.

II. La direction principale de la variation est déterminée, non par la transmission des modifications adaptives complètes elles-mêmes, comme le supposait Lamarck, mais par celle de la disposition à l'atrophie ou hypertrophie adaptive en de certains points [1].

A tout événement ceci comprend le principe Lamarckien avec tous ses rapports nécessaires avec nos opinions quant au milieu, à la variation, à la sélection et à l'hérédité. Si nous l'adoptons, il nous en faut accepter toutes les conséquences. Si nous prenons la définition que Spencer a donnée de la vie, comme étant l'ajustement continuel des relations internes aux relations externes, nous devons considérer la race comme étant en partie la sommation de ces ajustements individuels, et en partie la sommation, par la sélection, de variations fortuites

---

1. Osborn, *The Palæontological Evidence for the Transmission of acquired Characters.* (*Brit. Assoc. Reports* et *Proc. Am. Assoc. Adv. Science,* 1889.) — Le Dr W. H. Dall a donné un exposé très complet et soigneusement énoncé dans son article *Dynamic Influences on Evolution,* mai 1890.

favorables. Le milieu doit agir directement en produisant des variations dans l'organisme comme tout ; il doit, aussi, directement, produire des variations spéciales partout où il amène des changements de fonctions. Comme ces variations sont à quelque degré, transmises, nous découvrirons quelques-unes des lois de la variation en étudiant l'adaptation individuelle ; des variations de cette sorte se trouveront dans des lignes définies ; des variations indéfinies naîtront aussi de la combinaison fortuite de caractères individuels ; les causes prochaines de variation doivent être le changement de milieu aussi bien que la combinaison de divers caractères individuels. La sélection, en tant qu'elle est en cause ici, se trouvera agir, principalement, sur l'*ensemble* des caractères qui ont leur origine dans la variation individuelle, par l'extinction des individus et des races qui ne sont pas adaptés, mais elle aura une action concomitante sur les variations fortuites. L'hérédité doit non seulement porter le fardeau des caractères de la race et des ancêtres, mais doit encore accumuler les modifications de ces caractères qui se produisent chez les individus.

1. En 1883, quand Weismann publia son premier essai sur l'hérédité, le seul naturaliste anglais ou américain de marque qui ne souscrivit pas à quelque forme du principe de Lamarck était Alfred Wallace.

Associons le principe opposé, que les variations individuelles spéciales ne sont pas transmises, avec le nom de Weismann, car, en un temps où le principe de Lamarck gagnait la faveur, il s'y opposa *in toto*. Sa doctrine de la continuité du plasma germinatif et surtout de l'isolation des cellules-germes des influences exercées sur le corps est un complément parfait et nécessaire de la doctrine que l'évolution a progressé par la pure sélection naturelle ; il pousse ces deux doctrines jumelles jusqu'à leurs conclusions légitimes. Rappelant la définition de Spencer, et lui appliquant le principe de Weismann, nous devons considérer la race non comme la sommation des ajustements individuels, mais comme la sommation des plasmas germinatifs les mieux ajustés. Le milieu peut agir d'une façon directe en faisant varier l'organisme comme tout, mais aucune des variations spéciales individuelles qu'il produit aussi indirectement et directement ne peut être héritée ; ses influences sur le plasma-germinatif sont graduelles et indéfinies. Les lignes de variation sont définies en tant qu'elles sont limitées par la nature spécifique de l'organisme ; dans ces limites les variations doivent être indéfinies et nombreuses [1] ; la cause prochaine de variation est

1. *Sélection et Hérédité* : « C'est la nature spécifique d'un organisme qui fait qu'il répond aux influences externes selon cer-

la combinaison des divers caractères individuels des parents. La sélection doit accumuler de petites variations existantes dans la direction requise, et créer ainsi de nouveaux caractères [1], elle doit agir sur de petites variations dans des caractères isolés aussi bien que sur l'*ensemble* des caractères. L'hérédité est la transmission ininterrompue des caractères de la race et des ancêtres par la subdivision du plasma germinatif; seuls, les changements qui affectent le corps comme tout peuvent être ajoutés aux traits caractéristiques du plasma germinatif.

Ceci n'est qu'un résumé des diverses appréciations sur chacun des problèmes auxquels ces principes de Lamarck et de Weismann nous conduisent. Il n'est pas possible de s'arrêter à mi-chemin; le résultat de cette enquête sera la déroute complète de l'un ou de l'autre côté. Par la théorie du premier, nous diminuons la puissance de la sélection naturelle, et nous augmentons celle du milieu, en même temps nous simplifions grandement le problème de la variation, et rendons bien plus complexe celui de l'hérédité. Par celle du second, nous rejetons tout le fardeau de l'évolution sur la sélection naturelle, et nous éliminons l'action directe du milieu; nous

taines lignes définies, bien que celles-ci puissent être très nombreuses. •

1. *Sélection et Hérédité.*

admettons des lois ou causes définies de variabilité générale mais aucune loi définie gouvernant les variations des caractères isolés ; nous simplifions grandement le problème de l'hérédité. Bref, le point vulnérable des Lamarckiens est le problème de l'hérédité, tandis que le point faible de leurs adversaires est la solution du problème de la variation. A un point de vue purement théorique, les deux camps peuvent offrir une bonne explication courante du processus de l'évolution, pourvu que nous accordions toutes leurs prémisses ; notre devoir comme hommes scientifiques de profession doit donc être d'examiner, sans passion, jusqu'à quel point ces prémisses s'accordent avec *tous* les phénomènes que nous pouvons réellement observer dans la nature, et de suivre ensuite le camp le mieux armé. Je n'hésite point à dire qu'aucun côté ne montre de dispositions à soumettre ses prémisses à l'épreuve de tous les phénomènes observés, et c'est là un des traits les plus désespérants de la situation actuelle.

VARIATION, RÉPÉTITION, RÉGRESSION

Tous les facteurs de l'évolution agissent les uns sur les autres. La variation et la répétition dans l'hérédité sont en relation constante avec chaque autre facteur. Nous pouvons ainsi accumuler des fails quant aux variations *per se*, mais si notre observation et notre induction nous permettent de formuler certaines lois, celles-ci comprendront toujours au moins deux facteurs, à savoir, la variation en rapport avec le milieu, la variation en rapport avec l'histoire de la vie des organismes individuels, la variation en rapport avec l'hérédité, la variation en rapport avec la sélection naturelle.

La variabilité se montre, naturellement, chez les organismes comme ensemble, et dans les groupes de caractères aussi bien que dans les caractères isolés. Tous seraient affectés diversement par les deux principes divers de l'hérédité que nous discutons, mais nous avons à examiner la tendance à la variation que présentent les caractères isolés. La répétition est la condition conservatrice, ou statique, par laquelle un caractère chez l'individu nouveau ressemble le plus au développement moyen que présentent la fraternité [1], la co-fraternité, la race, la

1. Weismann, ou ses traducteurs, se servent des termes variabilité et hérédité, comme équivalant à des « tendances » à celles-ci. Mais il me semble plus précis d'employer le mot Hérédité dans le sens le plus large de façon à y comprendre la variation, c'est-à-dire l'acte de varier, et la répétition, ou l'acte de répéter les caractères des ancêtres. La variabilité est la tendance à varier.

2. Galton : *Natural Inheritance*. p. 94. Toute la progéniture du même couple (mâle et femelle) forme une *fraternité*. Toute la progéniture d'une fraternité de couples forme une *co-fraternité*.

variété et l'espèce auxquelles il appartient : adoptons le terme de Galton « médiocrité », pour désigner cette moyenne de développement. La variation est la condition instable, ou fluctuante, dans laquelle un caractère dévie d'un côté ou de l'autre de la médiocrité, soit en plus ou en moins, vers un développement plus grand ou moindre. La régression est la tendance à revenir[1] à la « médiocrité, » et selon la statistique de Galton nous pouvons nous figurer cette loi de retour comme agissant sur la variation, de même que la gravitation sur le pendule : quand celui-ci oscille dans une direction il peut représenter une variation en plus, et dans l'autre direction une variation en moins ; la médiocrité est l'état de repos, ou équilibre. Quand nous examinons une espèce quelconque, au cours de son évolution dans le temps et dans l'espace, nous trouvons, cependant, qu'un caractère médiocre est une quantité changeante. Par exemple, un organe qui est en train de dégénérer rapidement, présente une certaine « médiocrité » dans un temps et une localité, et une autre « médiocrité » plus tard, et dans un autre localité. Il y a donc une distinction marquée entre les termes ci-dessus et les termes plus généraux « dégénérescence, » « équilibre, » « développement, » qui s'appliquent à des caractères, qui sont

1. *Op. cit.*, p. 95.

ou bien continuellement statiques, ou en progres-sion ou en dégénérescence, non seulement chez les individus mais dans des espèces entières, et dans de plus grandes divisions. Naturellement quand la régression cesse d'exercer toute sa force de gravitation sur des variations en plus ou en moins, à travers une série de générations le développement ou la dégénérescence, respectivement, commence.

Une autre source de confusion, qui est inévitable dans l'observation mais non dans la théorie, est la difficulté de distinguer entre les variations « congénitales » et les « variations individuelles ». Weismann a marqué cette distinction par les termes utiles « blastogène » et « somatogène »[1]. En théorie, ces variations congénitales et les variations acquises sont entièrement distinctes, mais comme quelques variations blastogéniques ne se manifestent que dans l'âge adulte, il est fort difficile, en bien des cas, de décider jusqu'à quel point certaines variations sont réellement blastogéniques, et jusqu'à quel point elles sont somatogéniques d'origine : en d'autres mots, jusqu'à quel point elles sont dues à des prédispositions héréditaires, et jusqu'à quel point dues aux habitudes de vie[2].

---

1. C'est-à-dire, naissant respectivement du plasma germinatif et du corps.

2. Dans son article sur le *Darwinisme* de Wallace, Lankester

Une guerre de mots a régné dernièrement, quant au sens qu'il faut attacher à des adjectifs tels que « fortuit » « dû au hasard », « kaléidoscopique » ou « indéfini ». Mon interprétation de ces termes est que, lorsque nous voyons des caractères flottant entre la médiocrité, et la direction soit du plus soit du moins, suivant les lois ordinaires du hasard, nous pouvons dire qu'ils sont dans un état de variabilité indéfinie ; tandis que, lorsqu'ils montrent une tendance à flotter principalement dans une direction, nous les décrivons comme étant dans un état de variabilité définie. C'est le seul sens dans lequel les termes « variations définies » et « variations indéfinies » puissent avec justesse s'employer dans cette discussion.

Dans deux de ses plus récents essais, Weismann dit [1] : « Ma théorie peut être réfutée de deux manières — soit en prouvant réellement que les caractères acquis sont transmis, soit en montrant que certaines classes de phénomènes n'admettent absolument pas d'explication, à moins que de semblables caractères ne puissent être transmis. Nous ne serions autorisés à accepter le principe Lamarckien que s'il était démontré que nous ne pou-

a indiqué ce défaut dans quelques-unes des observations de Wallace. *Nature*, 1889, p. 567.

1. *Sélection et Hérédité.*

vons, ni maintenant, ni jamais, nous en passer [1]. »

Nous pouvons recueillir des preuves par les données de l'embryogénie, ou de l'ontogénie, et de la phylogénie. Il n'est ni possible ni désirable de séparer ces données, mais comme des écrivains qui m'ont précédé ont insisté longuement sur le témoignage de l'embryogénie, j'accentuerai le témoignage ontologique et paléontologique qui est, réellement, plus familier. J'essaierai surtout de concentrer l'attention sur les phénomènes vers lesquels l'observation doit être, à l'avenir, spécialement dirigée. Nous avons déjà, dans cet ordre d'idées, nombre de précieux essais et critiques [2], mais aucun, en tant que j'ai pu le voir, n'examine la question en vue de toutes les difficultés dans lesquelles nous entraîne l'adoption de l'un ou de l'autre de ces principes.

Je crois que nous sommes loin de comprendre tous les phénomènes de la variation, et je pose, par conséquent, la question sous la forme suivante : l'état actuel de notre connaissance de la variation chez les formes vivantes ou fossiles donne-t-il un plus

----

1. *Nature,* 6 février, 1890, p. 322.

2. Particulièrement ceux de Ryder, Cope, Elmer et Cunningham. Une bonne analyse de tout le sujet se trouve dans l'article de C. V. Riley *On the Causes of Variation in Organic Forms.* (*Proc. Am. Ass. Adv. Sci.* 1888).

grand appui au principe de Lamarck ou à celui de Weismann?

I. — QUELLE EST L'ORIGINE DE LA VARIABILITÉ?

Selon Weismann, l'origine *ultime* ou primordiale de la variabilité est somatogénique[1], c'est-à-dire qu'il nous faut chercher les débuts de la variabilité en remontant aux organismes unicellulaires chez lesquels le milieu agit directement sur tout l'organisme; dans les organismes multicellulaires la source de la variabilité se trouve limitée aux cellules germinales, et l'origine prochaine ou secondaire des variations est dans l'union des divers traits caractéristiques contenus dans le plasma germinatif des deux sexes. Cette opinion relativement à l'origine primordiale des variations ne me semble pas porter directement sur le problème que nous discutons, bien qu'elle soit une des conclusions légitimes des prémisses de ce problème. Mais je voudrais appeler l'attention sur un point important, à savoir, que cette opinion implique l'opération du principe La-

---

1. *Sélection et Hérédité* : « L'origine de la variabilité individuelle héréditaire ne peut se trouver chez les organismes supérieurs, mais on peut la chercher chez les inférieurs, chez les organismes unicellulaires. Ces organismes se reproduisant par la division, les caractères individuels acquis son transmis à la postérité. »

marckien de la transmission des réactions adaptives au milieu[1] chez les organismes unicellulaires, et par conséquent en quelque degré chez les organismes multicellulaires inférieurs. Je pense pouvoir démontrer que le principe de Lamarck serait très avantageux à tout organisme pour transmettre les adaptations directes : (voir plus loin, IV), et si tel est le cas, chaque pas fait vers la perte graduelle de ce principe par l'isolation du plasma germinatif serait désavantageux. Par conséquent, si la sélection agissait constamment, comme Weismann le suppose, elle aurait conservé ce principe. Ceci, naturellement, est du domaine de la pure spéculation, mais si nous mettons au service du Lamarckisme toute cette énorme puissance supposée de la sélection nous pouvons concevoir comment la corrélation extrêmement complexe entre les changements fonctionnels des cellules somatiques et des cellules germinales, qui forme partie essentielle de la théorie Lamarckienne, peut avoir eu ses débuts dans ces organismes de transition.

La question de l'origine *présente* ou prochaine de

---

1. Ceci, naturellement, n'est point une idée nouvelle. Elle a été exposée de la façon la plus complète dans les *Principes de Biologie* de Spencer. Le mode de transmission chez les premiers se fait par la simple division des cellules ; le principe de la continuité des caractères primitifs et acquis reste le même.

l'origine des variations, cependant, porte directement sur ces divers principes :

1. Tous les observateurs doivent s'accorder sur le fait que la reproduction sexuelle est une des sources les plus inépuisables de variations indéfinies[1]. La théorie de Weismann présente une magnifique idée du *modus operandi*, et s'accorde parfaitement avec les recherches de Galton. Des variations de ce genre ont leur origine dans les cellules germinales; il n'y a aucune raison pour que nous les rattachions aux cellules somatiques.

2. Quelques variations en plus ou en moins doivent aussi débuter dans l'union des cellules germinales. Si le même caractère est fortement développé chez les deux parents, il peut paraître encore plus fortement développé chez la progéniture; la même règle s'applique, réciproquement, aux caractères faiblement développés. Mais ceci ne fait que renvoyer la question à une étape plus reculée, car des variations qui sont, indifféremment, en plus, en moins, ou médiocres, ne sont certainement pas définies, bien que l'union des deux variations semblables produise un résultat définitif.

---

1. La dernière opinion de Weismann est que la reproduction sexuelle est le facteur le plus important, mais non *l'unique* facteur qui conserve les Métaphytes et les Métozoaires dans un état de variabilité. *Nature*, 6 février 1890, p. 322 (Réponse au Prof. Vines).

Avant de considérer l'origine possible des variations définies il nous faut considérer s'il en existe.

II. — QUELLES SONT LES VARIATIONS DÉFINIES, ET QUELLES SONT LES INDÉFINIES [1] ?

C'est réellement ici la question capitale et la plus importante. La solution a une portée énorme pour le principe de Weismann tout comme pour celui de Lamarck. Suivant Huxley[2], c'est Geddes[3] qui a énoncé le plus clairement cette portée.

« Dans l'absence de toute théorie de changement défini et progressif, et en présence de la multitude de variations à l'état de domestication et de nature que nous ne pouvons ni analyser, ni raisonner, ni même classer, nous sommes non seulement autorisés, mais forcés logiquement à considérer la variation comme spontanée ou indéfinie, c'est-à-dire, pratiquement, comme ayant une direction non déterminée, et « étant par suite sans importance, sauf comme matière sur laquelle agit la sélection ». Réciproquement, la variation doit être indéfinie, autrement l'importance souveraine

1. « La Sélection Naturelle se repose sur les accidents en ce qui concerne la Variation ». Ray Lankester.

2. Article *Evolution*, *Encycl. Brit.*, t. VIII.

3. Article *Variation*, *ibid.*, t. XXIV.

de la sélection naturelle doit être proportionelle-
ment atténuée à mesure que la première devient définie...., Elle perdrait sa suprématie primitive comme
déterminant supposé des possibilités indéfinies de
structure et de fonction pour n'être plus qu'un agent
propre à accélérer, retarder, ou achever le processus
de changements autrement déterminés. »

Nous ne saurions trop appuyer sur ces facteurs
cardinaux, des variations indéfinies (en tant que l'a-
daptation est en jeu) et de la sélection souveraine,
comme étant deux des pierres fondamentales de la
théorie de l'Évolution de Weismann. Il faut avoir
cela présent à l'esprit quand on analyse chaque argument de son école. (L'idée est que les variations
ne sont définies qu'en tant qu'elles sont limitées par
la nature spécifique de l'organisme, par les phénomènes spéciaux de la nutrition, ou, en quelques
cas, par le milieu, agissant directement sur les cellules germinales[1]. Voir plus loin, III ; elles sont indéfinies en tant qu'elles naissent de l'union fortuite
des divers plasmas germinatifs[2].)

Je crois avoir expliqué dans l'introduction que

1. *Sélection et Hérédité.*

2. *Sélection et Hérédité* : « La Sélection Naturelle doit être capable de faire infiniment plus, elle doit être à même d'accumuler
de petites différences existantes (naissant de ces combinaisons
fortuites) dans la direction requise. »

ceci n'est plus un sujet d'ignorance, comme le professait Darwin :

« Jusqu'ici je me suis exprimé, quelquefois, comme si les variations, si communes et si multiformes chez les êtres organiques soumis à la domestication, et dans un degré moindre, chez ceux à l'état de nature, étaient dues au hasard. Ceci est naturellement une expression entièrement incorrecte, mais elle sert à reconnaître nettement notre ignorance de la cause de chaque variation particulière[1]. »

J'ai déjà cité Lankester à propos de ce principe, et je fais, plus bas, allusion à un passage où il le répète, et définit avec soin le sens dans lequel il emploie le mot « indéfini ». Le professeur Thiselton Dyer, botaniste anglais éminent, a soutenu cette thèse[2].

« Si, avec le professeur Lankester nous disons que les combinaisons sont kaléïdoscopiques, je ne vois pas que nous dépassions les faits..... Le règne de la fortuité est restreint à la constitution variable de

---

1. *Origine des Espèces*.

2. Entre autres dans *Nature* du 6 Mars 1890. « Le trouble du corps des parents (je l'ai comparé à la secousse qu'on donne à un kaléïdoscope) et avec lui celui des germes qu'il porte, résultant en « sport » ou « variation » chez le rejeton, est, il est à peine besoin de le dire, une chose totalement différente de l'acquisition définie d'un caractère structural par un parent, et la transmission au rejeton de ce caractère structural particulier acquis. »

l'œuf..... Et ceci est tout à fait d'accord avec la remarque de Weismann que la variation n'est pas quelque chose d'indépendant de l'organisme et qui s'y ajouterait, mais seulement l'expression des fluctuations qui se produisent dans son type ».

Si j'ai essayé d'accentuer l'unanimité de l'opinion sur ce point, parmi ceux qui nient le *principe de Lamarck*, en voici la raison : c'est que, s'il y a dans la variation blastogénique des lignes définies qui ne peuvent s'expliquer par la sélection, ni par le milieu agissant sur les cellules germinales, il nous faut trouver d'autres causes ou lois qui les régissent. Donc, les Lamarckiens doivent, d'abord, établir qu'il y a des lignes définies de variation, et en second lieu, que ces lignes n'ont pas été dirigées par la sélection. (Voir VI.) L'opinion des Lamarckiens sur ce point est que « il y a des variations qui suivent, dès leurs premières étapes, une certaine direction définie vers l'adaptation, indépendantes de la sélection dans leur origine[1] ». On voudra bien remarquer que ceci n'exclut point l'existence de variations de la classe expliquée par Weismann, mais constitue, en substance, une classe distincte de variations que n'expliquent ni Weismann, ni Lankester, ni les autres, parce que, suivant leur hypothèse,

1. Voir Osborn : *Palæontol. Evidence*, etc.

nous n'avons aucune preuve qu'il y ait une classe pareille[1].

Cette opinion a été souvent émise sans que l'observation l'ait suffisamment soutenue ; nous ne trouverions pas, s'il en était autrement, autant d'écrivains loyaux tels que ceux qu'on a cités ci-dessus, pour en disposer si sommairement. Il est de fait qu'il est très difficile, si ce n'est impossible, de prouver qu'il y a des lignes définies de variation (ne pouvant être interprétées par la sélection) d'après l'examen des collections zoologiques et botaniques, car nous nous sommes, par la nature même des matériaux, occupés surtout d'examiner des variations par la divergence dans l'espace. Dans les quelques séries fossiles complètes qu'ils ont maintenant à leur disposition, les paléontologistes jouissent de l'avantage distinct de suivre la divergence à la fois dans l'espace et dans le temps. Ils sont donc dans une position meilleure qu'à tout autre temps, puisqu'ils assistent, pour ainsi dire, à la naissance de beaucoup de caractères utiles et adaptifs, et peuvent en suivre le progrès graduel depuis les petites étapes infinitésimales jusqu'à la condition avancée dans laquelle se constituent ce que nous appelons les caractères spécifiques et génériques. Et il y a plus :

1. C'est-à-dire, aucune classe de variations se conformant à des adaptations individuelles directes.

il est possible d'observer les généalogies depuis que l'état des parties environnantes, avant leur apparition, est connu.

L'histoire des dents des mammifères en offre la preuve la plus directe, puisque ces organes fournissent, non seulement les plus intéressantes corrélations et réadaptations (variation quantitative), mais aussi l'addition successive de nouveaux éléments (variation qualitative). Je crois que tous ceux qui ont examiné de semblables séries sont unanimes à dire que ce genre de variations suit des lignes définies, dès ses premières étapes. C'est là une forme positive de témoignage, à moins que les observateurs ne soient en défaut, mais on ne peut le considérer comme probant si l'on montre que ces étapes infinitésimales naissent indéfiniment, car si la condition achevée est utile, la condition commençante doit posséder quelque degré d'utilité, et devrait, *ex hypothesi*, être soumise à la sélection. On répond, cependant, à cette objection, par le fait que la première apparition de structures semblables n'est pas indéfinie, mais définie, c'est-à-dire qu'elle se fait à des points adaptifs définis. En d'autres termes, la naissance est aussi définie que la croissance [1].

1. On peut se faire une idée de la masse énorme de matériaux dont on dispose maintenant, par la récente généralisation d'après laquelle les dents de tous les mammifères sont issues d'un seul

En résumé, les deux opinions quant à la nature des variations blastogéniques sont les suivantes.

Toutes deux admettent que :

I. Il y a des variations fortuites générales qui peuvent s'expliquer comme étant dues à la variabilité spontanée des cellules germinales, qu'on voit surtout dans leur union.

II. Il y a aussi, une classe de variations, qui naît aussi des cellules germinales, variations qui sont dans un sens, définies, c'est-à-dire, qui suivent certaines directions, mais ne sont pas nécessairement adaptives.

L'une nie, et l'autre affirme que :

III. Il y a, aussi, une grande classe de variations blastogènes qui suivent des lignes définies d'adaptation.

Quels sont les rapports de ces trois classes de variations avec le milieu ?

III. — QUELLES SONT LES RELATIONS DIRECTES OU INDIRECTES ENTRE LE MILIEU ET LA VARIABILITÉ ?

Jusqu'à quel point le milieu influence-t-il, directement, les cellules germinales, et jusqu'à quel point les influence-t-il par des changements dans les

type et ont traversé les mêmes étapes. Voir les travaux de Cope, Wortman, et de l'auteur.

cellules somatiques ? Chacun sait qu'un changement de milieu, surtout pour des conditions plus favorables, comme dans la domestication, augmente la variabilité[1], c'est-à-dire les variations de la première catégorie. Il nous faut chercher soigneusement en analysant de tels effets :

1. Si cette variabilité dans tous les caractères de l'organisme est un effet de l'action du milieu s'exerçant directement sur les cellules germinales, par les canaux généraux d'une nutrition augmentée ou diminuée ; ou, si le milieu produit un dérangement général des fonctions de l'organisme, et si cette disposition acquise pour des fonctions changées est transmise aux cellules germinales[2].

1. Nous pouvons attribuer ceci à la plus grande activité moléculaire des cellules. Darwin croyait (a) que l'exposition à de nouvelles conditions devait être continuée assez longtemps pour créer quelque nouvelle variation ; (b) que l'excès de nourriture augmente la variabilité ; (c) que les changements de conditions peuvent affecter l'organisme entier, ou seulement quelques-unes de ses parties, ou seulement le système reproducteur. (d), qu'une variabilité indéfinie est le résultat le plus commun de changements des conditions.

2. L'objection élevée par Mivart (*Nature*, 14 Nov. 1889, p. 41) n'est pas juste. Il va sans dire que la nutrition doit traverser quelques cellules *somatiques* de l'appareil digestif dans son chemin vers les cellules germinales ; mais c'est tout autre chose que de passer d'abord aux cellules somatiques périphériques dans certains organes, et de transporter ensuite leurs modifications aux cellules germinales.

2. Si le milieu changé produit la variabilité dans certains caractères, ou dans tous les caractères d'une façon pareille? Ici encore s'élève la question de l'action médiate des cellules somatiques, et elle est non seulement plus à sa place ici que dans (I) mais probablement plus facile à résoudre.

Sur ces points Weismann professe que la luxuriance de la croissance résulte d'une meilleure nutrition des cellules germinales pendant leur développement [1], tandis qu'une croissance chétive ou une dégénérescence générale résulte réciproquement de la nutrition insuffisante des cellules germinales, comme cela se passe dans le cas des *ponies* des îles Falkland [2]. Il pense que les effets de ces influences peuvent être plus spécialisés, qu'ils peuvent n'agir que sur certaines parties du plasma-germinatif [3]. Weismann discute les cas du genre de celui qui suit : — observez que les modifications auxquelles il fait allusion ne sont pas nécessairement adaptives : —

La pensée sauvage ne change pas aussitôt qu'elle est plantée dans le sol d'un jardin; d'abord, elle reste, en apparence,

---

1. *Sélection et Hérédité.*

2. *Op. cit.*, p. 98.

3. *Op. cit.*, ou voir la critique des expériences d'Hoffman sur les fleurs.

la même, mais plus tôt ou plus tard, au cours des générations,
apparaissent des variations, principalement dans la couleur
et les dimensions des fleurs ; celles-ci se propagent par semis
et sont, par suite, des conséquences de variations dans le
germe. Le fait que de telles variations ne se produisent *jamais* dans la première génération prouve qu'elles doivent
être préparées par une transformation graduelle du plasma
germinatif. Il est donc possible que les effets modificateurs
des influences extérieures sur le plasma germinatif puissent
être graduels, et puissent s'accroître au cours des générations, de telle sorte que les changements visibles dans le
corps (*Soma*) ne soient atteints que lorsque les effets auront
atteint une certaine intensité.

Les exemples les mieux attestés de l'action du
milieu produisant des caractères spéciaux sont ceux
qui se voient dans son action sur les organes reproducteurs. Un léger changement de conditions
produit quelquefois la stérilité, ainsi qu'on l'a vu
dans les cas d' « isolation » et de « divergence »
avancés par Gulick et Romanes. Ici, la meilleure
explication semblerait être que le milieu a agi directement sur les cellules germinales. Ceci ne pourrait
être prouvé, cependant, que par des expériences de
fécondation artificielle, car il se pourrait que la cause
de la stérilité tînt à quelqu'une des fonctions somatiques accessoires de la fécondation. Un second
exemple de ce genre est l'effet de la nutrition sur la
détermination du sexe, prouvé par les expériences

de Yung et Girou [1], et employé comme un des principes prédominants dans les deux théories de l'hérédité qu'ont avancées, respectivement, Ryder et Geddes.

Il n'est point nécessaire d'énumérer les nombreux cas bien connus de réponse rapide au nouveau milieu par des modifications qu'il nous faut analyser quelque peu différemment. Parmi les meilleurs qu'on ait rapportés, figurent ceux de la *Saturnia* importée de Suisse au Texas) [2] et de l'*Artemia* [3]. C'est un fait très important que les modifications observées en pareil cas sont principalement adaptives, c'est-à-dire, qu'au cours de très peu de générations non seulement les organismes sont complètement acclimatés, mais développent substantiellement de nouveaux caractères adaptifs.

Nous pouvons aisément comprendre comment le plasma germinatif pourrait répondre directement à un nouveau milieu par une variabilité générale, et

1. Yung éleva la proportion de femelles chez les têtards, par une forte nutrition, de 56 pour cent à 92 pour cent. Girou trouva que les moutons, quand ils étaient bien nourris, donnaient 60 pour cent de mâles, et seulement 40 pour cent, quand leur nourriture était maigre. Voir Geddes et Thompson, *Évolution du Sexe, Bibliothèque Évolutioniste)*, chap. IV.

2. D'après Wagner, *Die Entstehung der Arten durch Räumliche Sonderung,* Bâle, 1889.

3. Schmankewitsch.

même par des variations spéciales telles que celles que Weismann a citées plus haut, mais, tenant présent à l'esprit le principe de la fortuité, pourquoi découvrons-nous aussi des variations non seulement dans les dimensions et l'efflorescence [1], mais dans la nature des adaptations directes ? Cette objection a été récemment soulevée par Mivart, avec son habileté ordinaire de critique destructrice.

Je ne considère pas qu'on ait démontré que le milieu agit directement sur les cellules germinales. Dans le cas des animaux nous ne pouvons certainement pas déterminer jusqu'à quel point les cellules nerveuses, et autres cellules somatiques, sont médiates, outre les cellules somatiques de l'appareil nutritif. Cependant, dans l'accélération de la variabilité et dans la production directe des variations de la classe II, nous avons des exemples d'une réponse si rapide à un changement de milieu que la présomption est quelque peu en faveur de l'opinion de Weismann. En tous ces cas, une action médiate pareille de certaines cellules somatiques ne peut être invoquée pour soutenir le principe de Lamarck

1. Huxley a analysé ainsi le milieu avec l'hypothèse de la pure sélection : « Le milieu ne cause pas une variation dans une direction particulière, mais favorise et permet une tendance dans cette direction qui existe déjà..... Les conditions ne sont pas activement productrices, mais passivement tolérantes. *Critiques and Addresses*, p. 309.

que les effets du milieu sur des groupes spéciaux de cellules somatiques se font sentir, ou se transmettent, dans les cellules germinales, de manière à reparaître. en quelque degré, dans les mêmes groupes spéciaux de cellules somatiques dans l'individu nouveau. Concentrons donc notre attention sur la prouve des modes possibles d'origine et de transmission des variations selon des lignes adaptives définies (classe III). Trois explications s'offrent à nous : 1. Ces adaptations ont été choisies entre nombre de variations de la classe fortuite. 2. Les cellules germinales répondent au milieu par des variations adaptives. 3. Les variations prennent naissance dans des réactions adaptives des cellules somatiques, sous le milieu, qui ont été transmises aux cellules germinales.

Considérons d'abord la question des variations individuelles.

IV. — LES VARIATIONS INDIVIDUELLES SONT-ELLES ADAPTIVES ?

J'aurais à peine jugé nécessaire d'examiner cette question si un récent écrivain, qui s'autorise de la sanction de M. Romanes et de M. Poulton, n'avait avancé la proposition que l'hérédité des variations individuelles serait un véritable mal [1]. Ceci revient à dire que les adultes sont moins adaptés à leur milieu que de jeunes individus, et que l'inertie assurerait l'adaptation individuelle la plus parfaite. Ce serait là, ainsi que le soutient M. Ball, un coup terrible pour le principe Lamarckien, mais c'en serait un plus terrible encore pour le principe de la sélection naturelle, car, pour ne donner qu'un exemple, on peut prouver d'une façon concluante que les charpentes des membres de tous les mammifères se sont principalement développées selon les vastes lignes de l'usage et de la désuétude, et la sélection serait ainsi entièrement éliminée. Pour exprimer cette idée de l'utilité de la plus grande partie de la variation individuelle, Semper emploie le terme d' « adaptations », et son ouvrage [2] démontre et exemplifie abondamment cette loi. Elle est basée, naturellement, sur le principe physiologique général que les tissus réagissent, et que leur structure se diversifie, en proportion de leurs fonctions [3]. La vie est l'adaptation continue des relations internes aux relations externes, dans laquelle l'adaptation générale

1. W. P. Ball : voir plus haut, p. 108

2. *Animal Life*, 1875.

3. On se moque encore de Lamarck parce qu'il a dit que les besoins ou désirs des animaux produisent chez eux de nouvelles parties, mais il n'y a de ridicule que quelques-uns des exemples qu'il donne de cette idée

de l'organisme à son entourage est, tout compte fait, en augmentation régulière jusqu'à la période de décadence générale.

Le principe d'adaptation individuelle a été démontré d'une manière frappante dans des études récentes sur les pieds des mammifères, en rapport avec des photographies instantanées de mouvement animal [1].

Ces études montrent, par exemple, dans les ajustements très complexes des os carpiens, nécessités par la réduction simultanée d'un des os de l'avant-bras et des orteils latéraux, que la redistribution même des lignes de pression tend constamment à perfectionner l'adaptation par les réactions naturelles de la croissance dans le tissu osseux. Quelques-unes de ces adaptations sont dans la nature de variations en plus ou en moins de la constitution primitive du membre : d'autres éléments demeurent en *statu quo* [2] ou dans un état d'équilibre où leurs ajustements sont parfaits.

Il y a aussi une grande classe de caractères adaptifs, à la fois chez les animaux, et chez les plantes,

---

1. Voir les articles de Cope et Ryder, et *Evolution of the Ungulata*, de l'auteur. (*Memoir upon the Uinta Mammalia.*)

2. Un bel exemple des effets de l'exercice produisant des jointures dans les nageoires caudales des poissons a été donné par Ryder. *Proc. Am. Phil. Soc.* 21 nov. 1889.

sur laquelle la loi des variations individuelles adaptives opère très obscurément, si même elle agit, à savoir la coloration protectrice.

V. — JUSQU'A QUEL POINT LA VARIATION DE LA RACE SUIT-ELLE LA VARIATION INDIVIDUELLE?

L'étude des variations individuelles amena Spencer à conclure que toutes les formes supérieures (de vertébrés) sont nées de la superposition d'adaptations sur des adaptations. Ceux qui étudient la paléontologie des vertébrés observent que les adaptations de race se conforment de si près aux lois de la variation progressive individuelle qu'ils sont forcés de chercher l'explication de l'origine de ces structures variées dans les réactions se produisant chez les individus. Voici donc les lignes définies de variation dont il a été parlé ci-dessus.

Mais s'ils se précipitent vers la conclusion que les variations individuelles sont la cause de ces variations de race, ne peuvent-ils pas tomber dans l'ancienne erreur du *post hoc ergo propter hoc?* Car on trouvera que chaque ligne génétique montrera des variations selon des lignes définies d'adaptation, et

1. Comme l'a cité Ryder, d'après *British and Foreign Medico-Chirurgical Review*, octobre 1858.

plusieurs de ces lignes se produisent dans des caractères où aucune adaptation individuelle ne peut être observée[1]. Il n'y a aucune difficulté théorique à supposer que les trois classes de variation ont différents modes d'origine, mais pour démontrer la probabilité d'un rapport de causalité entre les variations de l'individu et celles de la race, de la classe III, il faut montrer : 1° Que dans cette classe spéciale de caractères où des principes évidemment mécaniques ou dynamiques agissent, les variations de la race se conforment invariablement à celles de l'individu, car si quelques-uns de ces caractères ne s'y conforment pas, il faut qu'il y en ait d'autres qui opèrent. C'est-à-dire que si nous soutenons le principe Lamarckien nous devons l'appliquer, logiquement, dans chaque cas. 2° Qu'aucune ligne définie de variation ne naît dans des caractères de cette classe sans être précédée de l'opération de réactions individuelles. Ces premiers critères d'invariable précédence et conséquence prêtent un grand degré de probabilité à l'existence d'une relation causale ; cette probabilité s'accroîtrait encore si l'on pouvait montrer qu'aucune autre explication de cette classe de variations ne peut soutenir la même épreuve.

D'abord, quant à la séquence. La majorité acca-

---

1. Comme on le voit dans les adaptations du mimétisme et de la couleur protectrice.

blante des variations observées dans les séries fossiles[1] se produit selon des lignes d'usage et de désuétude. Weismann a plaidé que toutes les variations de cette classe sont, en substance, quantitatives, que partout où un organe devient plus fort par l'exercice il doit posséder un certain degré d'importance, et quand cela arrive, il devient sujet à être perfectionné par la sélection naturelle[2]. Il suit, du développement embryologique et des lois de la croissance par la division des cellules, que tous les caractères nouveaux sont, dans un sens, quantitatifs, mais dans l'évolution dentaire nous avons des exemples de naissance de structures qui sont qualitatives, à savoir, essentiellement nouvelles, et non de simples modifications de formes préexistantes. Je fais allusion à l'addition successive de nouveaux tubercules. Ainsi qu'on l'a déjà remarqué, il n'y a absolument aucune preuve de variation indéfinie dans ces caractères. Les nouveaux tubercules ne poussent point spontanément au hasard, pour disparaître et être remplacés par le développement graduel de ceux qui viendront naître aux points adaptifs[3]. Une des découvertes récentes les plus surpre-

1. Voici les études exactes de Kowalevsky, Ryder, et Cope chez les Vertébrés, et celles de Hyatt, Dall et autres chez les Invertébrés.

2. *Sélection et Hérédité.*

3. *Evolution of Mammalian Molars to and from the Tritubercular type. Am. Naturalist.* Décembre, 1888).

nantes est que l'un après l'autre ces tubercules successifs sont ajoutés à la simple couronne conique au point de l'usure maxima; c'est-à-dire que les parties les plus usées dans une série ancienne de générations sont celles ou les nouveaux tubercules apparaissent dans la dernière série.

Les Paléontologistes ne peuvent, toutefois, réclamer cette séquence comme étant universelle. Parmi les rares exceptions, il y a d'abord quelques tubercules secondaires[1] qui naissent de la base de la couronne, c'est-à-dire, entièrement en dehors de la région de l'usage ou de la désuétude, et suivent le même développement régulier jusqu'à ce qu'ils atteignent une étape où ils sont évidemment utiles et servent à la trituration. Secondement, d'après le principe que l'action et la réaction de deux surfaces opposées doivent être égales, il est difficile d'expliquer quelques cas où nous voyons un tubercule se développer dans une mâchoire, tandis que celui de l'autre mâchoire qui lui est opposé et est présumé stimuler son développement, est en dégénérescence[2]. La force de ces exceptions militera sérieusement contre le principe Lamarckien, à moins que des recherches ultérieures ne prouvent qu'elles se conforment

1. Tels qu'il s'en produit dans quelques molaires des ongulés du Tertiaire récent.

2. Je fais allusion au paraconoïde et à l'hypocone.

à des lois d'adaptation individuelle. Je considère que la plus forte ligne d'attaque que l'on puisse, à l'avenir, opposer au Lamarckisme, sera de lui montrer que certains caractères (tels que celui qui précède et où l'on suppose qu'il opère) ne pourraient avoir été produits par le principe de l'adaptation directe.

Mais si nous rejetons le principe Lamarckien, il nous faut assigner la Sélection comme cause de ces lignes définies de variation, car personne n'accepterait la troisième alternative.

VI. — QUEL EST LE RAPPORT ENTRE LA VARIATION ET LA SÉLECTION

La question de l'utilité est la première à surgir quand nous essayons d'expliquer l'origine des variations du genre de celles que nous étudions ici, par le principe de la sélection. Dans la discussion animée qui a eu lieu récemment entre Romanes [1], Mivart et d'autres d'une part, et Wallace [2] et Dyer de l'autre, on a soutenu de grandes différences d'opinion quant à l'utilité. En tant que la question porte sur la substitution de la sélection naturelle

1. « La plupart des différences spécifiques sont inutiles (non adaptives) ». *Nature*, 1889, p. 8.

2. « Il n'y a nulle preuve que les caractères spécifiques soient fréquemment inutiles. »

pure au principe de Lamarck, nous pouvons, dans cet argument, éviter la question plus étendue en admettant que tous les caractères possèdent, ou ont possédé, quelque degré d'utilité, ou le contraire. Ceci est aussi nécessaire pour le principe de Lamarck que pour celui de Weismann. La question essentielle, ici, est de savoir si les variations en plus ou moins, dans les étapes avancées, ou les variations aux étapes du début, ou encore plus si les variations qui constituent ces étapes initiales elles-mêmes, sont d'une telle importance qu'elles pèsent suffisamment dans la balance de la survivance pour accumuler des lignes définies de variations adaptives[1]. Si nous admettons qu'elles peuvent l'être, qu'est il besoin d'autre hypothèse ?

Nous partons de la proposition que toutes ces variations ont eu leur origine sous les lois que nous avons vu gouverner les variations des classes I et II, car d'après le principe de Weismann nous ne pouvons admettre d'autres modes d'origine. Elles doivent donc commencer d'une façon indéfinie, mais s'assurer une direction définie par la sélection de celles qui sont favorables, et l'élimination de celles qui sont défavorables. Cette direction doit être, d'une façon con-

---

1. Darwin a positivement abandonné le principe de l'utilité dans le cas de la *Saturnia*. Voir sa lettre à Moritz Wagner. *Vie et Correspondance de C. Darwin*, vol. II.

inue, positive là où les caractères sont développés par la sélection directe [1], ou neutralisée quand les caractères sont soutenus par la puissance de la sélection, ou négative quand les caractères dégénèrent sous l'influence de la Panmixie (croisement libre) ou même de la sélection renversée [2]. Chaque union de nouveaux individus, suivant la loi de régression de Galton, cependant, tendra à ramener en arrière à la médiocrité toutes les variations en plus ou en moins, même lorsque les deux parents montrent une tendance dans la même direction. Cette tendance au retour à la médiocrité, qui se voit dans l'union d'un seul couple, sera en outre précipitée par la Panmixie [3]. Nous avons supposé l'action continue de la sélection, et l'existence de variations favorables en abondance où puiser, mais nous avons vu, à la question III, que la variabilité est généralement plus grande quand les conditions sont le plus favorables, et en même temps la sélection doit être moins active, puisque la lutte pour l'existence est moins rapide quand ses maté-

1. *Sélection et Hérédité.*

2. Romanes a essayé de prouver que là où un caractère devient nuisible la sélection l'élimine rapidement.

3. Galton a montré que dans l'union de deux individus possédant des traits caractéristiques exceptionnels, quelques rejetons seulement différeraient de la médiocrité autant que le moyen-parent, *Natural Inheritance*, p. 101.

riaux sont plus abondants. Voilà donc les probabilités de la production de lignes définies de variation dans des caractères isolés de cette classe. L'évolution n'est point, cependant, un processus de roulement dans lequel quelques parties traînent en arrière tandis que d'autres sont perfectionnées par la sélection. Dans les séries fossiles, où toutes les parties du squelette de l'organisme sont suivies au cours de l'évolution, en même temps, nous devons supposer une variabilité indéfinie dans chaque partie, et admettre la probabilité que, surtout dans des parties non en corrélation, la somme des variations favorables égalera la somme des variations défavorables, et qu'ainsi elles se neutraliseront réciproquement, en tant que la sélection est intéressée. Nous devons ajouter l'hypothèse que ces lignes définies seront choisies en corrélation avec celles qu'on a observées se produisant dans toutes les parties environnantes, et, étant accordé que des groupes de parties en corrélation puissent varier simultanément [1], (par exemple les membres de devant ou de derrière, ou une série de vertèbres) nous avons, en outre, à supposer que ces variations sont choisies avec des variations coordonnées dans des parties qui ne sont pas en corrélation, dans le moindre

---

1. Le fait qu'ils servent ainsi peut être employé comme argument indirect pour le principe lamarckien.

degré, par exemple les dents[1]. Nous devons, en outre, supposer que la sélection agit dans la même proportion, pour produire, simultanément, des lignes exactement parallèles de variations adaptives dans des espèces alliées dans des territoires de distribution éloignée, comme dans les espèces américaines et européennes conduisant à la série du cheval. Si l'on veut maintenir que ce parallélisme a été appuyé par des croisements, les arguments basés sur la Divergence et l'Isolation perdent leur valeur. Si l'on dit que des combinaisons de variations favorables se produisent dans la nature, non seulement chez des parties qui sont en corrélation, mais chez celles qui ne le sont pas, alors ceux qui soutiennent le principe de Weismann doivent en outre supposer qu'il y a des lignes définies de variation blastogénique. Cet *argumentum in circulo* nous ramènerait à la question première : Quelle est la cause des lignes définies de variation ?

LES VARIATIONS ACQUISES SONT-ELLES HÉRÉDITAIRES ?

Chacun doit admettre que les cellules germinales étant habituellement différenciées et séparées des

1. Ou les caractères adaptifs pour le mimétisme, l'ornementation sexuelle, la protection

cellules somatiques de bonne heure, il est très difficile de concevoir comment des changements définis dans des cellules somatiques de la périphérie se produisant chez les Métazoaires adultes supérieurs peuvent produire dans les cellules germinales des changements tels que la progéniture les rappelle, même si nous devons accorder un très long espace de temps à ce processus. Si toutefois un tel processus a lieu, c'est affaire aux embryologistes d'édifier dessus une théorie, pourvu que nous n'ayons à nous occuper que de la preuve, et non du processus. Tout le témoignage examiné plus haut appartient, à proprement parler, à l'évolution ; nous devons maintenant considérer la portée de quelques-unes des classes de preuves de l'hérédité.

Le témoignage des mutilations est quelque peu contradictoire. Weismann, Eimer et d'autres l'ont discuté récemment. Il implique deux éléments qu'on n'observe pas dans le cours ordinaire de l'évolution : *A*. Transmission immédiate des caractères complets : *B*. Transmission de caractères imprimés à l'organisme et non acquis par eux-mêmes. Je crois que l'on n'a produit aucune preuve incontestable de l'hérédité des caractères acquis sous ce chef.

Une autre classe de témoignages consiste en ce qu'on croit être des cas d'hérédité d'influences maternelles sur la progéniture *in utero*. C'est un axiome parmi les éleveurs qu'un mauvais père peut affecter toute la lignée future. Un des cas les plus frappants fut celui de la jument arabe de lord Morton, qui fut saillie par un Couagga, et plus tard par un Arabe pur, le poulain du dernier montrant des marques ressemblant à celles du zèbre. Le professeur Turner dit de ce cas : « Je crois que la mère avait acquis pendant sa longue gestation avec l'hybride, le pouvoir de transmettre des marques analogues à celles du Couagga. Les œufs ont dû être modifiés pendant qu'ils étaient encore dans l'ovaire [1]. »

Je renvoie aux articles de Vines [2] et de Turner [3] comme ayant une portée spéciale sur l'isolation supposée des cellules germinales, et montrant que chez les Métazoaires inférieurs et quelques-uns des Metaphytes supérieurs, le plasma germinatif est répandu à travers l'organisme, et ainsi mis en rapport avec le *soma*.

Nous devrions trouver dans ces organismes de transition, comme je l'ai suggéré à la question I, que le rapport entre les cellules somatiques et les cel-

1. Voir *Nature*, 1889, p. 132.

2. *An Examination of Some Points in Professor Weismann's Theory of Heredity. Nature*, 24 octobre 1889, p. 62.

3. *The Cell Theory, Past and Present. Nature*, 6 et 13 novembre 1890.

lules germinales était établi, s'il existe réellement.
C'est une déduction nécessaire de la théorie de Weismann que si cette relation était avantageuse, elle
doit avoir été conservée par la sélection. Si la sélection peut supporter le fardeau de l'évolution,
elle doit certainement pouvoir rendre compte de
l'origine du principe Lamarckien dans l'hérédité.

CONCLUSIONS

Les conclusions auxquelles nous arrivons dans
cette discussion doivent finalement dépendre de
l'existence de lignes définies de variation blasto-génique. S'il n'y a point de ces lignes, le principe
Lamarckien tombe *ipso facto*. S'il y en a, nous avons
encore à évaluer les probabilités entre les principes
de Weismann et ceux de Lamarck comme en présentant l'explication la plus adéquate, ne perdant
pas de vue le problème de l'hérédité en tant qu'il
affecte ces probabilités.

Le principe de Weismann repose sur la sélection
comme sur la source de lignes définies de variation.
Quelle preuve a-t-on avancée pour l'hypothèse
première mais essentielle que par exemple un petit
tubercule dentaire est un facteur en survivance,
tandis que son petit compagnon non adaptif n'est

qu'un facteur en disparition? Sans compter les suppositions suivantes qui nous accablent quand nous cherchons à faire sortir des adaptations définies de variations indéfinies.

Le principe Lamarckien nous fournit une explication des phénomènes observés d'adaptation progressive simultanée dans la plupart des parties qu'il affecte, y compris la corrélation et le parallélisme. On ne peut dire, pour le moment, qu'il explique *tous* les phénomènes dans sa sphère ; nous devons expliquer ces phénomènes, ou abandonner le principe.

Il suit, comme conclusion dépourvue de partialité, de notre témoignage actuel, que d'après le principe de Weismann nous pouvons expliquer l'Hérédité, mais non l'Évolution, tandis que d'après le principe de Lamarck et le principe de la Sélection de Darwin, nous pouvons expliquer l'Évolution, mais non, jusqu'ici, l'Hérédité. Si vous réfutez le principe de Lamarck, nous devons admettre qu'il existe, dans l'évolution, un troisième facteur que nous ignorons encore.

FIN

TABLE DES MATIÈRES

EFFETS DE L'USAGE ET DE LA DÉSUÉTUDE

APPENDICE

LES VARIATIONS ACQUISES SONT-ELLES HÉRÉDITAIRES?

www.ingramcontent.com/pod-product-compliance
Ingram Content Group UK Ltd.
Pitfield, Milton Keynes, MK11 3LW, UK
UKHW021052230726
13926UKWH00004B/1803